21SHIJI MEISHU
JIAOYU CONGSHU

21世纪美术教育丛书

教育部体育卫生与
艺术教育司审查通过

室内设计

胡大勇 罗 晶 编著

21SHIJI

国家一级出版社
全国百佳图书出版单位
西南师范大学出版社
XINAN SHIFAN DAXUE CHUBANSHE

图书在版编目（CIP）数据

室内设计 / 胡大勇，罗晶编著. -- 重庆 ：西南师
范大学出版社，2014.8
（21世纪美术教育丛书）
ISBN 978-7-5621-6923-9

Ⅰ．①室… Ⅱ．①胡… ②罗… Ⅲ．①室内装饰设计
Ⅳ．①TU238

中国版本图书馆CIP数据核字(2014)第154291号

21世纪美术教育丛书

室内设计

SHINEI SHEJI

编 著 者：胡大勇 罗 晶
责任编辑：李虹利 殷鹏辉
封面设计：乌 金 晓 町
装帧设计：梅木子
出版发行：西南师范大学出版社
　　　　　本社网址:http://www.xscbs.com
　　　　　网上书店:http://xnsfdxcbs.tmall.com
　　　　　中国·重庆·西南大学校内
邮　　编：400715
经　　销：新华书店
排　　版：重庆大雅数码印刷有限公司·吴秀琴
印　　刷：重庆康豪彩印有限公司
开　　本：787mm×1092mm 1/16
印　　张：12
字　　数：300千字
版　　次：2014年9月第1版
印　　次：2014年9月第1次印刷
书　　号：ISBN 978-7-5621-6923-9

定　　价：45.00元

室内设计

001

出版者言

西南师范大学出版社出版的这套高等院校美术教育丛书已经有二十多年的历史了。

我们第一次推出这套丛书是在1993年。

当时,这套书第一批依靠的是西南师范大学美术学院的教师们,

随后,作者队伍扩大到全国各师范院校美术专业的教师。

这套书一推出就是几十个品种。

这在当时的高校美术专业教材中是极少见的,

它几乎涵盖了当时高校美术专业的所有科目。

这套书一出版,就获得了美术院校师生的广泛认可,纷纷选为教材。

因其独特的白色封面,业界都亲切地称它为"白皮书"。

这套教材,迅速从重庆走向西南,从西南走向全国。

教育部体卫艺司特组织专家审读,

肯定了这套书作为高校美术专业教材的价值。

作为出版者的我们,将业界的鼓励作为一种鞭策,

不断地组织人员修改,不断地跟踪学术前沿;

不断地扩大作者队伍,不断地延伸课程科目。

作者队伍也从师范院校扩展到了专业美术院校和综合大学。

这套书,每个品种都有着强大的生命力,

各个品种都反复再版,有的已达到二十余次。

它的生命力来自何处?

来自我们可敬的作者。

作者们一直据教学需要潜心修改,有的甚至是完全重写。

作者们年年都有新思想，年年都有教学新体会。

而我们的教材，也年年都有新内容。

在国家教育部公布新的高校美术学专业课程方案后，

这套书迅速跟进，全面修订，全新再版！

我们的美术编辑是最辛苦、最勤劳的编辑，

同时，也自信我们是最有眼光的编辑。

编辑们和作者们一起，

把这套书打造成了一套全国通用的精品教材。

十几年过去了，我们从出版者的角度来为这套书写下些文字，

依然是在为它的生命力而歌唱。

我们不会忘记：

读者和作者永远是我们的上帝。

既然读者和作者选择了我们，

我们就一定加倍努力，

以回报他们。

我们会一如既往地让这套丛书始终与时代同步、与教学同步，

让质量成为它永恒的生命。

为了保持这套教材在业界和读者心目中的美好记忆，

这套书改版后，封面颜色基调仍为白色，

一如既往的白色，一如既往的"白皮书"。

白者，

纯粹、洁净、高雅也。

总序

西南师范大学出版社的这套"21世纪美术教育丛书",早在20世纪90年代初就已整体出版,包括《素描》《色彩》《中国美术史纲要》《雕塑》《中国山水技法》《中国人物技法》《设计基础》等30多个品种。这套丛书主要用作普通高校美术学专业的本科、专科教材,也可以作为自学、自考、网络教育的教材和教学参考书。

这套教材在出版后得到了全国各美术院校师生的广泛认可和高度评价,他们纷纷将其列为首选教材,十几年来一直如此。在出版界、美术界、教育界,大家多年来因其别致的白色封面而常常亲切地送给它一个鲜明的爱称——"白皮书"。现在在全国众多美术院校师生中,"白皮书"已不仅仅是指这套美术教材,更传送着广大师生对这套教材的广泛赞誉。

进入21世纪后,这套教材又获得了更高的荣誉。这套教材经教育部体育卫生与艺术教育司组织全国美术界、教育界的知名专家学者进行认真细致的审读后,得到了充分肯定和高度评价,进一步肯定了这套教材作为全国高等学校美术专业课程教材的地位,并在全国范围内向更多的美术院校推广使用。

2005年,在经过教育部艺术教育委员会最终审定后,教育部正式公布了《全国普通高等学校美术学(教师教育)本科专业课程设置指导方案(试行)》。西南师范大学出版社对此做出了积极的反应,马上组织专家学者对现有的教材进行全面修订，并着手新教材的编写，向全国推出了这套教学版的"21世纪美术教育丛书"。教学版的作者来自于清华大学美术学院、中国美术学院、四川美术学院、西南大学美术学院、南京师范大学美术学院、湖南师范大学美术学院、华南师范大学美术学院等全国几十所专业美术院校。这其中既有美术学院的院长、副院长，又有资深的美术专业教授、博士生导师，还有年富力强的中青年教学骨干、博士。他们大多身处教学一线，理论功底深厚、学术积淀厚重、教学经验丰富，从而使得这套教材具有很高的学术价值、很强的实用性、很明显的针对性。

这套教材有几个突出的特点：

一是它的前瞻性。从科目设置到撰文，都着眼于21世纪。设计在目前越来越显示出其重要性。为适应形式需要，本套教材设置的设计类科目就有不少，如《设计基础》《应用美术》《现代西方设计概论》《室内环境设计》等，这说明全书的策划者具有前瞻性的思想与意识。在撰文过程中，所有的作者都力求融合新知识、新思路，使自己的著作对读者有新启示。有些作者是欧美留学归国的，或曾数次出访欧美，他们直接吸纳了西方文化。暂时没有机会出国的作者，在当今信息十分发达、很容易获取新知识的条件下，也都努力吸取西方文化中有益的东西，使自己的作品具有新的面孔。这些都是为了追赶世界潮流，与世界接轨，以适应改革开放的需要。

二是它的系统性。举凡当今美术教育所涉及的科目,这套教材几乎都关照到了。从基础训练的素描、色彩、速写、设计,到提高专业和文化素养的美术史、美术理论、美学、摄影、书法、建筑,应有尽有。而每一种教材也都力求系统完整,以使读者对该教材首先把握住总体,在这个前提下,再为读者提供本专业的具体知识。

　　三是它的可读性。本套教材充分考虑了所服务的广大读者。深入浅出、通俗易懂、可赏可读,已成为该套教材的突出特点。即使像设计基础、美学、艺术概论、美术史等理论性很强的专题,读者也不会觉得佶屈聱牙、难以卒读,而是朗朗上口、余味颇浓。再加上具有现代意识的设计装帧,书中图文并茂、印刷精美,很富有吸引力。

　　当然,这套教材也同其他教材一样,并不是十全十美的,也存在一些不足,需要再版时改进。这套教材,已不仅仅是西南师范大学出版社一家的事情,在某种意义上说,它已是关系到整个中国今后美术发展的大事情,因为它的使用面已经覆盖全国。我们有责任使这套教材日臻完美。我相信,在参与编写单位的支持下,在撰稿专家的共同努力下,在整个美术界专家同仁的共同关怀下,这套教材一定会越来越完美。

　　应出版社之邀,写了上述一些看法,是为序,供广大读者参考。

首都师范大学美术学院教授、博士生导师　李福顺

前言

　　室内设计是建筑设计的继续和深化，是室内空间和环境的再创造。同时，它也是建筑的灵魂，是人与环境之间联系的载体，是艺术与物质文明的结合。进入21世纪以来，室内设计逐渐成为最具前瞻性的流行商品文化的领域之一。室内设计的表现形式变得更加丰富，涵盖面更广，室内设计教育体系也变得越来越成熟。在当今信息网络化时代，多种媒体的信息传达更加迅速、频繁和大众化，室内设计是用时尚语言对室内环境的审美表达，它在一定程度上具有独特的艺术表现力。为了满足"图文时代"的大众视觉需求，满足高等艺术设计教学的需求，促进高等院校设计教育的发展，加快复合型、创新型设计人才的培养，我们编写了这本教材。

　　室内设计是环境艺术设计和室内设计专业的一门必修主干课程，这门课程对于提高学生的设计水平起着至关重要的作用。本书从室内设计概论、室内设计的方法、室内设计与人体工程学、室内空间形态及设计、室内装饰材料与构造、室内色彩设计、室内照明设计、室内陈设与家具设计、室内设计制图与表现、室内设计的文化内涵等方面，系统地对室内设计的理论、表达方式和设计技巧进行了较为详细的讲解。本教材有针对性地从课堂教学实际出发，内容全面、图文并茂、理论结合实践、紧跟专业市场需求，对设计原理与元素、结构与形式进行优化，对内容与方法进行整合，强调在应用型教学的基础上，运用创新型教学的理念，提高每个部分环节的可操作性和可执行性。在本教材的编写过程中，我们力求做到四个结合：一是理论性与实用性的结合；二是系统性与启发性的结合；三是创新性与基础性的结合；四是经典性与开发性的结合。总之，本教材在结构和内容上尽力体现素质导向、兴趣导向、创造导向和发展导向的课程理念，对在校学生有很大的指导作用。本书的图片量比较大，并且都是通过精挑细选而来的，能帮助学生更加形象直观地理解理论知识。另外，值得一提的是，室内设计是一门涵盖内容丰富的学科，本书的每一部分都能独立成册。为了便于学生学习，本书对各部分进行了概括性阐述，旨在起一个抛砖引玉的作用。

在今天这样一个信息型社会里，知识、技术更新迅速，要把本学科内最新、最优秀的成果教授给学生不是那么容易的事。为提高教材的相对客观性，我们参考了许多高校一线教师的教学经验和教学成果，来充实本教材，在此对他们的支持表示由衷的感谢！当然，也由于时间、能力和资源有限，书中的问题在所难免，本教材的初版未必达到了我们的出版目标和期望，恳请广大同仁及学生批评指正，我们将不断听取使用学校师生们的意见，认真修订与完善，使之达到我们预期的目标，成为大家喜爱的教材。

作者简介

　　胡大勇，重庆工商大学艺术学院副教授，艺术学院设计艺术分院环境设计专业负责人。1992年毕业于四川美术学院，工作后一直从事环境设计教学与研究工作。在多年的理论研究与社会实践的共同体验中，总结了许多心得和体会，在全国重要期刊及核心期刊上发表了《论室内设计对传统文化的继承与发扬》《室内设计中的人文精神底蕴》《对生态型室内设计的探讨》等多篇论文。

　　罗晶，讲师。现任重庆工商大学艺术学院建筑装饰学院基础教研室教师。曾多次获全国各类优秀论文奖项，参与译著环艺景观系列教材《景观建筑表现》《新技集》等，并有多篇作品发表于国家、省级期刊。

目录

第一章 室内设计概论

人类长时间地生活于室内,所以室内环境是与人类生活关系最为密切的。室内设计是科学与艺术相结合的产物,它代表着人类社会的居住文明发展的程度,这是一项具有整体性、系统性的设计。从宏观角度来看,室内设计能反映今天的社会物质生活和精神生活的特征,同时也与当前社会经济发展、美学发展观点以及传统风俗等息息相关。从微观角度来看,它也能反映设计者的专业素养和文化艺术素养。

第一节 室内设计的含义与目的

一、室内设计的含义与特征

"室内(Interior)"其实是指被墙面、地面和顶面所围合而成的空间。在建筑中,我们一般所指的"空间"是由结构和界面所限定围合的,供人们生活和工作的空间部分。所以,顶界面是区分室内空间与室外空间的关键因素。围合成一个空间的元素可以是各种变化的形态,所用的材料也可以是丰富多彩的。而"设计(Design)"一词则是指构思、想象、计划、描写、创作某些事物。设计还包括对用材和尺度的重视,以及对物质功能与精神功能的强调。"室内设计"是处理人的生理、心理和环境之间关系的问题。

所以,我们可以把室内设计简要地理解为:运用一定的物质技术与经济手段,根据对象所处的特定环境,对内部空间进行创造与组织,形成舒适、美观的内部环境,从而满足人们的物质与精神功能的需求。当然,室内设计的对象并不局限于建筑物内部,诸如飞机、轮船等的内舱设计,也带有强烈的室内设计特征,同属于室内设计的范畴。

二、室内设计的目标

室内设计是一门综合性艺术,需要在创造过程当中结合众多门类的学科知识。室内设计创造的环境,直接与室内生产活动和生活的质量相关。在诸多条件的限制下,室内设计能协调人与相应空间的关系,让环境适应于人的生活方式和状态。其目的就是在设计中实现对功能的理性分析与在艺术形式上的完美结合,最终创造满足人的物质和精神生活需求的室内环境。这就要求设计师对任何事物都具有敏锐的观察力,广泛掌握不同门类的知识,依靠设计师内在的品质修养与实际经验来实现。设计师只有在掌握了相关知识的基础上,才能在室内空间中发挥无限的创意。在设计的过程中,设计师还需要进行科学和理性的分析,尤其对于一个较大的室内设计项目,其纷繁复杂的分析研究过程,单靠一个人的努力是很难圆满完成的,需要有团队的相应支持与协作。

1. 室内设计与建筑设计

建筑物包含建筑外部环境和建筑内部空间两个范围。在完成建筑物设计的过程中,建筑内部空间环境的设计是一个相当重要的环节。建筑设计的目的是为人提供有效的使用空间。建筑从设计到施工再到整个工程竣工,还不能完全满足人们对室内空间的使用需求,必须对室内空间进行再设计的工作,这个设计工作则需由设计师来完成。室内设计是建筑设计的延展、完善与再创造,只有通过建筑设计和室内设计的互相配合,才能创造出适合人类生活、工作的场所,才能赋予建筑物完整的意义。

室内设计是建筑物内部环境的设计,是以建筑空间为基础,运用艺术元素和技术手段制造的一种人工环境,充分满足人们生活、工作中的物质需求和精神需求,即在建筑空间内使人产生情感上的认同以及归属感,以打造空间的总体氛围,将室内环境的多种功能完美结合作为最终目标。室内环境的再创造,要以建筑空间所提供的条件为前提,它是一种有限制条件的再创造,同时又不仅仅是建筑空间中简单的"装饰""美化"处理。室内设计的完成,应该通过建筑室内空间的完善、改造;使用功能的细化、调整;室内设备、设施的科学定位;环境质量的提升以及室内环境的美化,最终创造出舒适、便捷、安全、节能、美观的室内环境。

2. 室内装饰与装修

"装饰"一词既可理解为艺术中的一个门类,如装饰纹样、装饰图案、建筑装饰;也可视为一种艺术手法和技巧,如书籍装帧、字画装裱、室内装潢等,在现代社会中装饰艺术已广泛运用于多种行业。室内装饰是指主要运用陈设品、家具等物体对室内环境进行美化处理的一种工作。(图1-1)

室内装修指对建筑室内界面的修饰、美化和对建筑空间的再创造。古义对"装"的解释为"装,饰也",对"修"的解释为"修,饰也",故装修可理解为装饰装修。现代室内设计中对装修的诠释就是对建筑室内外空间中的建筑界面及固定设施(如建筑外立面的墙体、门窗等部位,室内空间中的顶棚、墙面、地面、门窗等部位)的维护、修饰,它主要是对建筑基体、基层、面层以及细部进行修饰处理。同时还应根据空间的功能特性、使用对象等因素,对建筑空间进行再创造,室内设计的首要任务就是使建筑内部空间结构能够充分满足人们的需求。(图1-2)

第二节 室内设计的内容和相关因素

室内设计通过光、色、形让人们能综合地感受到室内环境,室内各界面和家具等都是色彩和造型的承载体,灯光、陈设又必须与空间尺度、界面风格相协调。空间的大小、色彩的对比与协调、线条的流畅、材料的取舍与变化,都蕴含和表达着设计师的情感和创造力。(图1-3)

室内设计的形式语言带有设计师的情感和创造力,给人们带来生理、心理、感官的愉悦。所以,现代室内设计涉及的相关因素极多,但是主要可以归纳为以下三个方面,它们之间相辅相成但又有所区别。

图1-1 用饰品、家具装饰室内空间

图1-2 通过对住宅空间天棚、墙面的造型设计来美化空间

图1-3 索菲特维也纳斯蒂芬斯顿酒店

一、室内空间组织和界面处理

随着建筑功能的发展或变化越来越迅速，人们对室内空间要求也越来越高，为此需要对室内空间进行改造。室内设计的空间组织，包括平面的布置，需要充分透彻地理解原有建筑的设计意图，对建筑物的总体布局、功能使用、结构体系以及人流分布等进行深入的了解；在进行设计时，对室内空间和平面予以完善、调整以及再创造。室内平面布置与空间组织，也包括对室内空间各界面围合方式的设计。（图1-4）

室内界面处理是指对室内空间的各个围合面，如地面、墙面、顶棚、隔断等界面的使用功能和特点进行的分析，对界面形状、图形线脚、肌理结构的设计，以及界面和结构构件的连接构造、界面和水、电等管线设施的协调配合等的设计。主要是对建筑内部空间的界面，按照一定的设计要求，进行二次处理，也就是对通常所说的天花板、墙面、地面的处理，以及分割空间的实体、半实体等内部界面的处理。在条件允许的情况下也可以对建筑界面本身进行处理。室内装修设计与实际工程结合得比较紧密，这也是将设计师的设计意图实际实现的一个重要步骤。从建筑空间的使用性质、功能特点方面进行考虑，一些建筑物的结构构件（如混凝土柱身、网架屋盖、清水砖墙等），

可以直接不加装饰，作为界面处理的方法之一。（图1-5）

室内空间组织和界面处理，是确定室内环境基本线形和形体的设计内容，设计时以物质功能和精神功能为依托，考虑相关的客观环境因素和主观的感受，在遵循人体工程学基本原则的前提之下，重新诠释尺度和比例关系，并更好地对空间的统一、对比和面线体的衔接问题予以解决，将空间进行合理规划和人性化处理，最终给人们以美的感受。

二、室内照明、色彩设计和材质选用

室内照明是指室内环境的天然采光和人工照明。除了能满足日常工作生活环境的光照要求外，光照和光影制造出来的效果还能起到烘托室内环境气氛的作用。（图1-6）

色彩是室内设计中最具表现力，最灵动活跃的因素，在室内环境中室内色彩往往是给人印象最深刻的元素。室内色彩通过人们的视觉感受产生心理、生理的效应，形成丰富多变的感觉享受。它不仅对视觉环境产生影响，还直接影响人们的情绪、心理。色彩处理是否恰当是衡量一个室内空间是否既符合功能要求又符合审美的标准。室内色彩除了必须遵守通常的色彩规律外，还要随着时尚潮流的变化而有所不同。科学合理的用色有利于人们工

图1-4 深圳福田香格里拉大酒店

图1-5 美国佛罗里达迈阿密的双层公寓

作效率的提高和健康生活。(图1-7)

光与色彩互为衬托,由此产生色光。色彩必须依附于界面、家具、绿化以及室内织物等物体上。室内色彩设计需要根据建筑物的风格、室内效用、工作与生活习惯等因素,先确定室内主色调,再选择适当的色彩进行搭配。人类喜爱大自然的美景,常常把阳光直接引入室内,以消除室内的黑暗感和封闭感,特别是顶光和柔和的散射光,使室内空间更为亲切自然。光影的变换,使室内更加丰富多彩,给人以多种感受。

巧用材料是室内设计中的一门重要课程。因为在室内设计中,不同材料的选用直接关系到实用效果和经济效益。同时,装饰材料还具有满足使用功能和人们身心感受的要求。室内空间中不可缺少的建筑构件如柱、墙面等,结合其功能并运用各种材料加以装饰,可共同构成舒适优美的室内环境。充分利用不同装饰材料的质地特征,可以获得千变万化的风格及艺术效果,同时还能体现不同地域的历史文化特征。例如坚硬、平滑的花岗石地面,光亮、精致的镜面饰面,轻柔、细软的室内纺织用品,以及色泽自然、亲切的木质面材等。室内空间中的形、色,最终必须和所选材质协调相统一。在光照下,室内的形、色、质融为一体,赋予空间整体美的视觉效果。

图1-6 光照除照明功用外,还能烘托室内空间气氛

图1-7 室内色彩的应用

三、室内陈设设计的手段

陈设设计主要是对室内家具、装饰织物、陈设品、照明灯具、绿化等方面的设计处理。家具、陈设、绿化等对烘托室内环境气氛和形成室内设计风格等方面起到举足轻重的作用。在室内环境中,实用和装饰作用应当互相协调。除固定家具、嵌入式灯具及壁画等要与各界面组合外,陈设、家具、绿化等室内设计的内容相对独立于室内的界面营造。

室内设计中的绿化也是改善室内环境的重要手段。室内绿化带来自然气息,既能使室内环境春意盎然,令人赏心悦目,又起到柔化室内人工环境的作用;同时还具有改善室内空气和吸附粉尘的功效,能协调和缓解人们在高速发展的现代社会生活中的心理压力,使之平衡。室内种植花草,利用绿化和小品,对沟通

室内外环境、扩大室内空间感及美化空间均起着积极作用。(图1-8)

室内陈设设计、家具和绿化的配置，其功能主要是为了满足室内空间的功能、提高室内空间的质量和调节空间环境的设计，是对室内的采暖、通风、温度调节等方面的设计处理，是现代设计中极为重要的方面，也是"以人为本"这一设计理念的组成部分。随着时代发展，环境的人性化设计和气氛的营造成为衡量室内环境质量的标准。在这一过程中，科技的发展和应用起着重大的作用，这主要指各种能够改造室内环境质量的方法、方式和仪器设备等。但室内环境质量也包括环境视觉的感受，如引

入外部的自然环境因素而改变室内视觉环境质量。(图1-9)

第三节 室内设计的依据、要求和特点

一、室内设计的依据

现代室内设计，其首要的任务与出发点即是满足人们日益提升的物质与精神需求，为人们创造出美观舒适的室内空间环境，满足人们生理和心理的双重需求；同时也启发、引导甚至在一定程度上改变人们的生活方式和行为模式。因此，我们必须了解室内设计的依据和要求，了解和掌握现代室内设计所具有的特点以及发展趋势。具体地说，室内设计主要有以下五种依据：

1. 人体活动的尺度和范围

人体活动的尺度即是人体的尺度和活动所需的尺寸和空间范围，符合心理要求的人际距离，以及人们在室内活动时各处空间距离的限度。根据人体的尺度，可以测定人体在室内完成各种活动的空间范围，这是我们确定室内诸如家具的尺寸，窗台、栏杆的高度，门扇的高宽度，梯级的高宽度及其间隔距离，以及室内净高等的基本依据。此外，还涉及人们在不同空间范围里的心理感受，全部的设计都应满足人们的心理感受需求。

综上所述，人体活动的尺度和范围可以归纳为：静态尺度，即人体尺度；动态活动范围，即人体动作域与活动范围；心理需求范围，即人际距离、领域性等。

图1-8 室内绿化

图1-9 外部自然环境因素引入室内空间

2. 陈设设计的尺度和范围

在室内空间中，除了人的活动外，空间的物体还有家具、灯具、空调、排风机、热水器等设备以及陈设摆件等。有的室内空间里（如办公大楼的迎宾大厅、酒店的大堂等），室内绿化和山水小品等所占的空间尺寸，也成为组织、分隔室内空间的依据条件。

对于家具、灯具、空调、排风机等设备，除了考虑其本身的尺寸以及使用、安装时必需的空间范围之外，还要注意的是，由于在建筑物的土建设计与施工时，往往对此类设备的管网、线缆等都已有了整体的布局，室内设计时应尽可能考虑在设备的接口处予以对接与协调。

3. 结构体系，设施管线

室内空间的结构体系、设施的管线布网及铺设要求、柱网的开间间距、梁高、楼面的板厚、风管的断面尺寸等，都是组织室内空间时必须考虑的。如风管的断面尺寸、水管的走向等会对室内空间的竖向尺寸产生影响，因此在进行设计时就必须考虑空间的高度能否满足使用的要求。

4. 装饰材料和施工工艺

在设计开始时就必须考虑到装饰材料的选择，室内设计从设想到实现，必须运用可供选用的地面、墙面、顶棚等各个界面的装饰材料，因此必须考虑这些材质的属性以及实施效果，采用切实可行的施工工艺，以此保证设计图的顺利实施。

5. 投资限额、建设标准和施工期限

投资限额与建设标准是室内设计必要的依据因素，不同的工程施工期限，将决定室内设计中装饰材料的安装工艺以及界面的设计处理手法。在工程设计时，建设单位提出的设计任务书，以及相关的消防、环保、卫生防疫等规范和定额标准，都是室内设计的重要依据文件。原有建筑物的建筑总体布局和建筑设计构思理念也是室内设计时应当考虑的重要依据因素。此外，合理明确而又具体的施工期限也是室内设计工程的重要前提。

二、室内设计的要求

随着社会的发展和人们对于居住环境的重视，室内环境设计必会注入许多更新、更实用的理念。对于从事室内设计的设计师来说，应该根据室内空间的功能需求，尽可能地熟悉相应的空间构造，了解与该设计项目关系密切的各种环境因素，这样做设计时才能主动地协调诸多因素。同时要与相关的专业人员相互协调、密切配合，有利于提高室内环境设计的内在质量。室内设计的要求主要有以下六项：

1. 合理的平面布局和空间组织

具有使用合理的室内平面布局和空间组织，提供符合使用要求的声、光、热效应，满足室内环境物质功能及使用需求。

2. 优美的空间结构和界面处理

具有造型优美的空间结构和界面处理，适宜的光、色和材质配置，符合建筑物特色的环境氛围，以满足室内环境精神功能的需要。

3. 合理的装修构造和技术措施

采用合理的装修构造和技术措施，选择合适的材料和设施设备，使其具有好的经济效益。

4. 符合设计规范

符合消防、安全疏散、卫生防疫等设计规范，严格执行与设计任务相关的定额标准。

5. 具有调整更新的可行性

考虑随着时间变迁具有适应调整室内功能、更新建筑装饰材料和设备的可行性。

6. 节能、环保、充分利用空间

室内环境设计应考虑室内环境的节能、省材，防止污染，并充分利用室内空间。

三、室内设计的特点

室内设计作为一门相对独立的新兴学科，必须充分考虑到人在空间中的行为方式、心理需求、功能要求以及实施技术的可行性、艺术风格的匹配性等诸多因素，来进行空间环境品质的再创造。室内设计师力求通过创造性设计，营造出一个功能合理、形式美观、居住舒适、成本适当的场所，以满足人们的使用与审

美的需求。室内设计具有以下五个特点：

1. 对人们生理和心理的影响更为直接和密切

由于人的极大部分时间是在室内空间中度过的，因此室内环境的质量，必然直接影响到人们的安全、舒适和生活、工作效率。室内空间的大小、形态，可以触摸到的室内家具、设备，各种界面以及界面的线形图案等，都会给人们生理上、心理上带来长时间、近距离的感受，因此很自然地要求室内设计更为细致、更为缜密，要更多地从有利于人们身心健康，有利于丰富人们的精神文化生活和赏心悦目的角度去考虑。

2. 对室内环境的构成因素考虑缜密

室内设计针对空间的采光与照明、色调和色彩配置、材料质地、室内温度和相对湿度、空气流通、噪声背景和室内隔声、吸声等都要有周密的考虑。在现代室内设计中，这些因素大都要有定量的标准。

3. 反映了室内空间中的功能美、形态美和装饰美

如果说，建筑设计主要靠外部形体和内部空间给人们以建筑艺术的感受，室内设计则靠室内空间、界面线形以及室内家具、灯具、设备等内含物的综合，给人们以室内环境艺术的感受，因此室内设计与装饰艺术和工业设计的关系也极为密切。

4. 室内功能的变化、材料与设备的更替

相较于建筑设计，室内设计的更新周期更短，更新节奏更快。在室内设计领域里，更多地引入了"动态设计"的新理念，因此在对室内空间进行设计时，更应考虑到因时间因素引起的平面布局、界面构造与装饰、施工方法、选用材料与设备等一系列相应的问题。

5. 科技含量和附加价值更高

现代室内设计所创造的新型室内环境，在自动化、智能化等方面有着新的要求，从而使室内设施设备、新型装饰材料、电器和五金配件等都具有较高的科技含量，使得现代室内设计及其产品整体的附加值增加。

第四节　室内环境的发展与趋势

随着社会的发展和时代的推移，现代室内设计具有以下发展趋势：

一、呈现多层次、多风格的发展趋势

室内设计在当今社会因使用对象的不同、建筑功能的差异、投资标准的不同，明显地呈现出多层次、多风格的发展趋势。

二、同其他学科联系更加紧密

从总体上看，室内环境设计学科的相对独立性日益增强，与各学科的联系和结合也更趋于明显。现代室内设计除了仍以建筑设计作为学科发展的基础外，工业设计和工艺美术的一些理念和设计方法也扩展应用在了室内设计中。

三、使用者参与设计的趋势加强

使用者参与设计的趋势加强。由于室内空间环境的创造总是离不开生活，因此设计者就要更多地倾听使用者的想法和要求，理解使用者的需求，加强沟通，达成共识，使设计师的理念与使用者的需求相结合，让设计更具实效性，也更趋完善。

四、各环节协调性更加完善

设计、选材、施工、设备使用之间的协调和配套关系加强，各程序自身的规范化进程进一步完善。

五、设计、施工与工艺方面更加严格

由于室内环境具有周期性更新的特点，更新周期相应较短，因此在设计、施工与工艺方面优先考虑干式作业，在块件安装、预留措施（如设施、设备的预留位置和设施、设备及装饰材料的置换与更新）方面更趋严格。

六、更加重视环境保护

从可持续发展的要求出发，室内设计将更为重视环境保护，在施工中更重视环保材料的运用，考虑节能与节省室内空间，创造有利于身心健康的室内环境。

第二章 室内设计的方法

室内设计以人为本,其设计的目的是能够满足人的生理和心理需求,改善人们的生活和工作环境,进而影响和改变人们的生活和工作状态。设计方案是否合理就是看能否解决人们实际生活的室内环境问题。而设计方案最根本的问题是设计思维的来源,即设计的原始动力是什么。获得这种设计思维的方式首先应该要进行科学而理性的分析,发现问题并提出解决问题的方案,这是一个循序渐进的过程。所以,我们应当在设计过程中找到一些设计方法,对设计创造的过程进行理论指导,运用各种不同的方法营造出合理的空间,通过改善我们的生活环境,提高我们的生活质量。

第一节 室内设计的方法

室内设计是一个复杂的过程,大致可分为设计规划、概要分析、设计发展、细部设计四个阶段,每个阶段都可以运用设计方法论进行指导。人们在不断的实践中总结和概括出了许多具有普遍意义的设计方法,对室内设计具有重大的理论指导意义,如突变论方法、信息论方法、优化论方法和艺术论方法等。突变论方法是指善于头脑风暴、逆向思维,突变创造是现代设计的基石,如创造性设计(图2-1);信息论方法指收集信息、掌握信息、分析信息,找到问题关键所在;优化论方法是把许多方法综合,达到最佳组合,从而找到最好的设计方法。

室内设计应充分体现人的价值特征,必须以人为主体,确立设计依据,研究人的生理和心理特征,寻找与其相适应的环境形态结构。研究室内环境问题,要研究人的多种生活体验,研究人的感觉、知觉、习惯和各种生活活动

图2-1 解构主义大师扎哈·哈迪德作品

规律,以及人对于室内环境的各种反应等。室内设计的方法,应着重从设计者的思考方法的角度来分析,主要有以下三点:

一、构思与表现

对一个设计的优劣评判也往往在于它是否有一个好的构思,也就是说是否有一个好的创意。所以设计的构思、立意十分重要,设计如果没有立意就等于没有"灵魂"(图2-2)。设计的主题展现了设计的立意,而设计的主题是千变万化的,如以文化为主题,或以科技为主题,又或以某个观点、某个事物为主题。设计的立意要新颖、独特,要敢于"标新立异"。

各类室内设计活动都应重视生态、环境、能源、土地利用等方面的可持续发展,设计者不应急功近利,只顾眼前利益,要充分利用室内空间,节约能耗,尽量采用无污染或少污染的装饰材料,协调人与自然之间的关系,创造和谐环境。这也是当代设计师共同关注、研究的课题。

艺术家们在创作绘画时往往先有立意，搜集足够的信息量，经过深思熟虑后才开始动笔，还要有商讨和思考的时间。所以设计师在创建一个较为成熟的构思时，要求边构思边动笔，构思与表现同步进行，即所谓笔意同步，并在设计前期和设计方案过程中使立意、构思逐步明确下来。对于室内设计而言，构思和意图要进行具有表现力的完整表达，最终使建设者和使用者都能够通过图纸、模型、说明等，全面地了解这个设计的意图。在设计投标竞争中，设计图纸作为设计者表达创意的语言，要求完整而精美，富有内涵。

二、主体与细节

室内设计应把握主体、深入细节。室内空间的主体与细节包括两个方面的内容，一是功能的主体与细节；二是形式的主体与细节。

1. 功能的主体与细节

把握功能的主体是指在设计时，思考问题和着手设计都应该有一个整体的空间概念，空间的规划应从总体出发。深入细节是指具体进行设计时，必须根据室内的使用性质，深入调查、搜集信息，掌握必要的资料和数据，从最基本的人流动向、人体尺度、活动范围和特点、家具与设备的尺寸等方面着手，根据它们所必需的空间及特点进行设计（图2-3）。如在进行住宅设计时，首先应该考虑的是空间总体计

划，根据调查、收集的信息，先确定主要的功能空间（客厅、主卧、次卧、书房等），再确定次要的功能空间（走道、储藏间等）。

2. 形式的主体与细节

把握形式的主体与细节，是指对室内空间各界面的造型形式、色彩搭配、材质选用等因素的把握，要遵循"对比统一"的美学法则，在整体的统一中把握细节的变化，同时还应注意把握室内空间形式的主从关系。如在住宅设计中，各个空间的造型要总体把握，使之风格统一，同时又要注意不同空间的细节变化，通常客厅的顶棚和墙面造型较其他空间丰富细致得多。再如许多空间的墙面设计，很少有四个墙面的造型是相同的。（图2-4）

三、室内环境与室外环境

室内环境需要与室外环境相协调，与建筑整体的性质、标准、风格等相统一。建筑师A.依可尼可夫曾说："任何建筑创作，应是内部构成因素和外部联系之间相互作用的结果，也就是'从内到外''从外到内'。"室内环境的"内"，包括和这一室内环境连接的其他室内环境；室外环境的"外"，包括建筑室外及周边环境，它们之间有着相互依存的密切关系。设计师在进行设计时需要从室内到室外，从室外到室内反复协调多次，才能使得空间更趋于完善合理。

图2-2 日本北海道 L House设计

图2-3 合理安排空间功能的主次关系

第二节 室内设计的程序

经过长期的经验总结,我们通常可以把室内设计的进程分为八个阶段,即设计的准备阶段、分析定位阶段、发散性思维的创意阶段、方案的推敲阶段、设计的初步阶段、设计的深入阶段、施工图的制作阶段和方案的实施阶段。

一、设计的准备阶段

设计准备阶段首先是设计师接受甲方的委托任务书,签订合同,或者根据标书要求参与投标。设计师在明确了甲方的设计任务和要求之后确定设计的时间期限,调配相关的各个工种,并根据设计方案的总体要求做出计划安排的进度表。室内设计任务中包括掌握此室内环境的使用性质、功能特点、设计的规模、等级标准以及总造价等。

熟悉与此设计有关的规范和定额标准,开始搜集分析必要的资料和信息,包括对现场的调查勘测以及对同类型实例的考察等。这个阶段可以运用信息论方法,通过完善地调查收集信息,归纳整理,查找缺陷,发现问题,进而加以分析和补充。例如一个餐厅的设计,首先应了解其经营理念,通过取得餐厅经营类型、经营规模、管理模式和服务人群等信息来确定设计的大致方向;再横向地比较和调查其他相似空间的设计,获取经验,分析其位置交通情况的优劣,明确已存在的问题,提出一个恰当合理的初步设计理念以及艺术表现的方向。设计师还要根据各种不同的室内使用功能,创造与之相应的环境氛围、文化内涵或艺术风格等。

二、分析定位阶段

所谓设计的定位就是明确设计的方向,主要是根据外部建筑的特点、客户的各项要求、投资的金额大小和功能使用性质来确定。程序是将所调查到的信息进行分类整理,然后加以分析和定位,确定设计的方向。对信息资料的合理处理、研究,是确定方案的关键所在。这一阶段运用系统论方法,针对所收集的资料确定设计理念、设计定位问题,对这个空间通盘考虑,从整体上把握设计对象的使用性质、

图2-4 室内细节设计及墙面的主从关系

所在环境、经济投入等。

在设计方案构思时,需要综合考虑结构施工、材料设备、造价标准等多种因素,运用各种装饰材料、设施设备和技术手段,然后规划一个完善的、合理的功能分区平面图。分析不能只停留在表象,抓住实质问题才能做出合理的设计定位。

三、发散性思维的创意阶段

发散性思维是一种无逻辑规律的思维活动,在思维发散的过程中迅速地以草图的形式记录下所联想的各种造型图案,然后在此基础上进行总结完善。其设计的灵感产生于瞬间也消失于瞬间。在设计方案不确定时,每个想法都具有独立性又或有相关的联系,在此基础上或许能获得其他派生元素,所以用画笔捕捉瞬间的灵感是必然之举。

设计师通常都具备较强的造型能力,能够充分发挥想象力,展开思路寻找适合设计定位的造型语言,将想象中的瞬间形态及结构迅速地描绘出来,从局部到整体再由整体到局部。比如事先确定的设计定位是欧式现代风格,那么首先要研究欧式风格的文化背景、时代特征、造型手法和语言特征,而后用现代人的审美观点抽离出最有代表性的几个造型元素,用极具现代感的材料、工艺手段,将分离出的元素进行重新排列组合,构建出新的环境语意。设计时,发散性思维按照这条线路进行,就能明确目标对症下药,用一种现代、简捷、明快的

室内设计

表现手法营造出一种视觉感受之外的语意环境。

四、方案的推敲阶段

发散性思维的成果为方案的推敲提供了依据。在这个阶段,设计师的主要工作是将所有的前期成果进行整理,并充实完善。对有些成果可以作细部分析,在各成果之间寻找共性,确定后将它们定义在同一个范畴之内,这就构成了设计方案的原型。这种定义的方式并不能一次完成,必须要进行反复推敲,最终在这些重新组成的定义中找出最接近的设计方案定位。

最初的设计定位常常与反复推敲出的方案无法接轨,但却有可贵的参考价值,在此时设计师可以考虑调整原本的设计定位。这并不是说原本的设计定位一定不合理,而是因为原先的建议性设想,需要后期不断完善,并加以充实,从最初的一个概念、一个框架、一种假设变为更趋于合理的方案。室内设计在推敲方案阶段采用手绘比使用计算机更便捷,推敲方案的目的在于使方案趋于完善,并不追求绝对的精确。

五、设计的初步阶段

设计的初步阶段是指在推敲阶段之后进行的方案初步设计,主要内容有:表现整个空间规划的平面图;主要空间的顶棚、墙面的设计图;主要空间的效果图以及设计说明。方案的初步设计完成后,应该与委托设计方进行充分的沟通和交流,然后再进行方案的修改调整。这个交流与修改的过程往往会有很多次的反复,直至双方基本达成共识。

初步设计方案要求设计师与客户进行交流。方案的表现形式是关键问题,因为设计方案表现效果的优劣会直接影响方案的选定。

采用何种方法来表现,应根据客户的要求而定。部分客户是为了了解设计方案的理念、设计风格的大致方向会和设计师进行沟通交流,这时可采用较为简单的手绘表现方式,表现工具通常有钢笔、马克笔、水粉笔、彩色铅笔,这样的表现方式能使图面看上去更轻松。而部分客户比较注重图面效果,希望更直观地

了解设计方案的面貌,便可采用电脑绘制效果图的方式,尽量将室内的各种家具、装饰、灯光、材质、色彩等制作得更贴近于真实场景。每个设计师都可以选择特有技法,通过材料、色彩、采光和照明来完整地表现,实现从二维空间向三维空间的转换,将初期的设计理念实现于三维空间中。

六、设计的深入阶段

在初步设计方案确定后,就要对方案进行深化处理,设计出所有空间的各个界面、家具、门、窗、隔断等,并再次与委托设计方交流,以确定最终的设计方案。该阶段同样会出现交流与修改的多次反复,直至最终完成整个设计。

七、施工图的制作阶段

要将设计图纸实现为室内空间的实体,就必须通过施工团队依据设计图纸进行制作,这时就必须提供设计方案的制作方法。这个阶段需要设计出各部分的构造节点详图、细部大样图、设备管线图以及材料清单等,同时应编制施工说明和造价预算。

八、方案的实施阶段

方案的实施阶段即工程的施工阶段。室内工程在施工前,设计人员应向施工单位进行设计意图的说明,对设计图纸要采用的各项技术进行沟通,在工程施工期间需要按设计图纸要求核对现场施工的实际状况,查看其匹配性。如果根据现场实况有需要对图纸进行局部修改或补充的情况,则由设计单位出具修改通知书,获得双方许可后及时进行修改。待施工工期结束后,施工方应绘制竣工图以供相关部门备案,并会同质检部门和建设单位进行工程的竣工验收。

为了能使设计达到预期的效果,室内设计师必须重视和把握好设计过程的准备、分析、定位、创意、设计、推敲、完善、实施等各个阶段,并做好相关专业的衔接工作,同时还需协调好建设单位与施工单位之间的关系,在设计意图和构思上及时沟通,取得共识,在工程施工时取得更理想的效果。

第三章　室内设计与人体工程学

第一节　人体工程学基础

室内环境设计的目的，就是满足人在生理和心理上的需求，使人在室内空间中舒适、愉悦地工作、学习和生活。要创造出有利于人们身心健康和安全舒适的良好环境，就必须运用人体工程学这一系统学科，通过对人体生理和心理特征的把握，来满足人的要求。人体工程学也叫人类工程学、人机工程学、人类工效学、宜人学等。它研究人在工作中的生理学、心理学、解剖学等诸多方面的因素；研究人和产品及环境的相互作用；研究在工作、生活中怎样统一考虑人的健康、工作效率、安全和舒适等问题。

一、人体工程学的发展历程

人体工程学（Ergonomics）是20世纪40年代后期发展起来的一门技术科学。20世纪初，美国的泰勒（F.W.Taylor）研究设计了一套钢铁厂工人操作的方法，分析怎样操作才能省力、高效，并订出相应的操作制度，被称为"泰勒制"，这可以看作是人体工程学的始祖。到了"二战"时期，基于兵器工业发展的需要，才开始了对人体工程学的系统研究。（图3-1）

我国也很早就开始了这方面的研究。据《周礼·考工记》记载，在制造兵器时要考虑兵器的大小合手，长短适中，方便士兵使用。明代家具为了使人体接触部位触感柔和、舒适，椅子的靠背制作成适合人体脊柱弯曲的曲线形，棱角做出钝圆形，椅脚做出圆柱形，这些都融入了中国古代朴素的人体工程学思想。（图3-2）

人体工程学在现代设计中已成为设计师

图3-1　泰勒与伯利恒钢铁厂

图3-2　中国古代家具

自觉考虑的一个重要因素。从20世纪50年代到60年代，一些发达国家率先成立了研究人体工程学的专门机构和相关协会，如20世纪60年代成立的第一个国际性人体工程学专门研究组织——国际人类工效学协会（International Ergonomics Association），它使各国在该领域的研究得以相互交流和探讨，对人体工程学的发展起了很大的推动作用。我国于1989年成立了中国人类工效学学会，并于1991年成为国际人类工效学学会的正式成员。

尽管人体工程学在20世纪初才作为一门科学被正式提出，人们也普遍认同此为人体工程学的起源。但实际上，早在数千年前，人类制造的物品如家具、劳动工具等已经反映出了人体工程学的运用。因此，可将人体工程学的发展历程分为四个阶段。

1. 萌芽期

19世纪末至第一次世界大战期间，主要有泰勒的手工工具设计特点与作业效率的关系研究；吉尔布瑞斯（F.B.Gilbreth）倡导的实验心理学应用于生产实践。（图3-3）

2. 发展期

第二次世界大战期间，由于战争的需要，各国都不断设计出威力更大的武器，片面强调兵器的性能，而忽视了"人的因素"，最终使得有些兵器的操作要求超出了人的生理及心理极限，导致事故的发生；同时，由于很多男人进入战场，而女人就必须参加生产劳动才能应付兵器生产的庞大需求，因此当时缓解工作疲劳、提高工作效率以及如何加强人在战争的有效作用成为研究主题。许多国家根据生理学、心理学、生物学、人体测量学等学科分析研究"人的因素"，从而在发展作战效力强、攻击威力大的兵器的同时，也开始注重操作合理、设计精密的兵器研发。

3. 成熟期

20世纪60年代后，随着战争的结束，人体工程学研究的重点开始由军事工业转向一般工业，日用品的设计也越来越重视人体工程学的研究，因此人体工程学的研究主题由如何使"人适应机器"变成了如何使"机器适应人"，从而使人可以缓解疲劳，降低人为错误，提高作业效率。（图3-4）

4. 深化期

20世纪70年代以来，人体工程学开始渗透到人类工作生活的各个领域，同时自动化系统、人机信息交互、人工智能等都开始与该学科紧密联系。随着自动化技术的快速发展，人与机器的功能分配问题也开始引起研究者的注意，在一些自动化程度极高的人机系统设计中（如飞机驾驶舱、高速列车司机室的设计等），如何合理地规划操作员与机器各自的任务成为关注的热点。（图3-5）

科学技术的迅猛发展与人体工程设计是密不可分的，工业产品、电子科技、建筑环境等各个领域的设计，无论从实用还是美观的角度

图3-3 吉尔布瑞斯的砌砖实验

图3-4 方便人操作的咖啡机设计

图 3-5 人与电脑的融洽结合

图 3-6 以人体测量数据为依据的拐杖设计

图 3-7 ATM 取款机的人—产品—环境问题

图 3-8 工作效率与人的健康

都已从人体的生理机能进一步拓展到人的心理感受。这体现出了现代人体工程学追求安全、健康、舒适、高效率的"人本"主义的设计理念。

二、人体工程学研究的主要内容

总的来说，人体工程学是以创造人—产品—环境的最佳匹配为目的，把人的因素作为设计的主要条件和原则，应用系统工程理论、信息加工理论、实验及观察或访谈等方法，研究人与产品、人与环境、人与社会之间的相互关系。人体工程学研究的主要内容可分为三个方面：

1. 研究人在工作中的解剖学、生理学、心理学等方面的各种因素

这些因素包括人体尺寸及结构；人的生理与心理需求；人的个体差异；不同民族、性别的人的习惯和差异等。（图 3-6）

2. 研究人和产品及环境的相互作用

工作系统中直接由人操作的机械部分如何方便人的使用，如杆、钮、盘、轮、踏板等的使用条件、操作方式等；各种产品、家具及设备与人的匹配及反馈问题；人的行为与环境的关系等。（图 3-7）

3. 研究人在工作、生活中的工作效率、身体健康、安全舒适等问题

除了前面两点的要求之外，还包括照明、温度、湿度、隔音、光线、气味等，尽量为操作员提供一个舒适的工作环境。（图 3-8）

三、人体工程学的研究方法

目前常用的人体工程学研究方法主要

有：实测法、观察法、分析法、调查研究法、实验法、模拟和模型实验法、计算机数值仿真法等。

1. 实测法

实测法即利用各种测量工具对人体各部位的静态和动态尺寸数据进行测量，它们是人体生理限制的表达，其数据是人体工程学的基础资料，常用的测量工具包括人体测高仪、直角规、弯角规及游标卡尺等。（图3-9）

2. 观察法、分析法和调查研究法

观察法、分析法和调查研究法是常用的人体工程学研究方法，指对用户使用某种产品或机器的情况进行观察、访谈或问卷调查，并对此进行分析研究，从中发现产品或机器不符合人体机能及不方便人操作的问题所在。

3. 实验法

实验法是借助各种实验心理学的研究仪器，对人在使用产品时的认知负担、心理负荷、疲劳程度等进行评价。常用的实验仪器包括

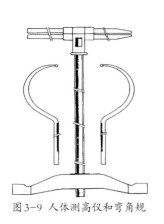

图3-9 人体测高仪和弯角规

体压分布仪、视线追踪设备（眼动仪）、脑电实验及肌电实验等设备。（图3-10）

4. 模拟和模型实验法

由于复杂的人机系统价格昂贵，而有些人机关系的实验又不可避免地会破坏设备或对人体造成伤害，所以人们往往采用模拟和模型实验的方法对人机系统进行研究。模拟和模型实验包括对各种技术、产品和机器的模拟，如操作训练模拟器、机械模型以及各种人体模型等。通过这类模拟可以对某些人机操作系统进行仿真实验，得到符合实际的实验数据。（图3-11）

5. 计算机数值仿真法

随着计算机技术的发展，出现了很多可用于人体工程学仿真分析的软件系统，主要分为专门的人体工程学分析软件系统及其他机械设计类工程软件中的人机分析软件包两类。前者比较有代表性的是由西门子公司开发的Jack软件及由德国Human Solutions股份有限公司开发的Ramsis等，它们都提供了各国家及地区的人体测量数据与人体模型，可以进行交通工具设计中的人机关系分析、作业强度及疲劳程度分析、人体受力与健康评估等工作；后者比较常用的有Ug、Catia等计算机辅助设计软件中的人体工程分析软件包，也可进行简单的人机交互关系仿真分析。（图3-12）

四、人体测量学

在进行人体工程学研究时，为

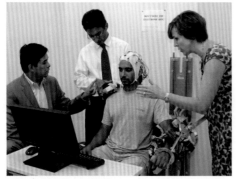

图3-10 脑电实验场景

图3-11 汽车碰撞模拟实验

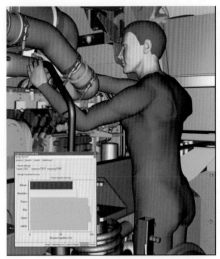

图3-12 Jack软件中的人体工程仿真分析

图3-13 达·芬奇绘制的人体比例图

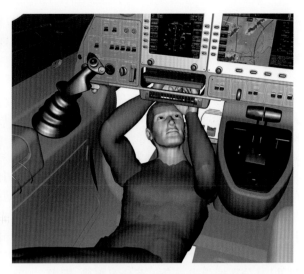

了能够对人体进行科学的定性、定量分析，必须获得有关人体的生理特征和心理特征的数据，而这些数据都必须通过人体测量来获得。因此，人体测量成为人体工程学研究的基础方法之一。

1. 人体测量学的基本概念

公元前1世纪，古罗马建筑师维特鲁威（Marcus Vitruvius Pollio）从建筑学角度对人体尺度进行了比较全面的论述。文艺复兴时期，达·芬奇根据维特鲁威的描述创作了著名的人体比例图（图3-13）。

人体测量的基本内容包括形态测量、运动测量、和生理测量。形态测量（人体静态尺度），主要测量人体的长度尺寸、形体（胖瘦）、体积及体面面积等；运动测量（人体动态幅度），主要测量关节的活动范围和肢体的活动

空间，如动作范围、形体变化、动作过程、皮肤变化等；生理测量，主要测量生理现象，如触觉测定、疲劳测定、出力范围大小测定等。

1989年7月1日，我国实施了GB10000-88《中国成年人人体尺寸》标准，适用于工业产品、工业的技术改造、建筑设计、军事工业以及设备更新及劳动安全保护，该标准也成为进行室内空间设计、产品设计、家具设计等的依据。标准中所列的47项数值代表从事工业生产的法定中国成年人（男18～60岁，女18～55岁）的测量数据，并按男女性别分开，分为三个年龄段：18～25（男、女），26～35（男、女），36～60（男）、55（女），并分别给出这些年龄段的人体具体各项尺寸数值。同时为了方便使用，各种数据表中的每项人体尺寸数值均列出其相应的百分位数。

2. 百分位与百分位数

由于人的个体和群体差异，人体的个体尺寸有很大差异，它不是某一个确定的数值，而是分布于一定的范围内。如亚洲人的身高在151～188cm这个范围，而在进行设计时，却只能使用一个具体的数值，并不能像一般理解的那样采用平均值，如何确定使用哪一数值呢？这就是百分位的方法首先要解决的问题。"百分位"与"百分位数"是人体测量学的两个重要术语。

人体测量数据通常是按百分位表达的，把

具体的研究对象分成一百份,根据一些指定的人体尺寸项目(如身高、肩宽等),从小到大按顺序排列,进行分段,每一段的截止点即为一个百分位。所谓百分位,就是具有某一人体尺寸和小于该尺寸的人占统计对象总人数的百分比。例如:某一人群中身高在1.6m及以下的人数占总人数的比例为5%,身高在1.8m及以下的人数占总人数的比例为95%,那么该人群的第5百分位的身高尺寸则为1.6m,该人群的第95百分位的身高尺寸则为1.8m。在这里,5或者95就是人体身高数据的百分位,而1.6或者1.8即为相应的百分位数。

统计学中指出任意一组特定对象的人体尺寸,其分布的规律符合正态分布规律,即大部分属于中间值,只有一小部分属于过小或过大的值,它们分布在正态曲线的两端。在很多人体测量数据的统计表格中设了第5百分位和第95百分位,第5百分位表示身材较小的,5%的人低于或等于此尺寸;第95百分位表示身材较高的,即有5%的人等于或高于此数值。

3. 人体测量数据的应用原则

有了完善翔实的人体尺寸数据,这只是研究人体工程学的第一步,而正确地使用这些数据,才能真正达到研究人体工程学的目的。首先是对于人体测量数据的选择,选择适应设计对象的数据是非常重要的,要掌握使用者的年龄、职业、性别和民族等各种问题,使得所设计的室内环境和设施设备适合使用对象的尺寸特征。其次是对于百分位的正确运用,在许多人体测量数据表中,通常只列出了第5百分位、第50百分位和第95百分位三个数据,因为这三个数据是人们经常见到和使用的尺寸,最常用的是第5和第95百分位,一般不用第50百分位。例如,若以第50百分位的身高尺寸来确定门的净高,设计的门会使50%的人通过受阻。再比如,座位舒适的最重要的标准之一就是使用者的脚要平稳踏在地板上,否则两腿会垂悬于空中,大腿会过分受压,引起麻木。平面高度的尺寸不能使用平均值,而是用较小的尺寸才比较适合,而长腿的人坐矮椅子把腿伸出去就能适应。所以平均值不是普遍适用的。在某些由于某种原因不适合用极值(最大和最小

值)来设计的时候,可能会用到"平均值",即第50百分位的尺寸数据,例如柜台的高度。

经常采用第5和第95百分位进行测量,可以概括出大多数人的人体尺寸范围,适应大部分人的需要,因此在进行设计时,就必须遵循以下原则:

(1)最大最小原则

在进行设计时,应根据设计的目的,选择最小或最大的人体尺度百分位数值。"够得着"的距离适用最小原则,一般选用第5百分位的尺寸。"容得下"的距离则适用最大原则,一般选用第95百分位的尺寸,比如在设计由人体尺度所决定的环境或家具时,其尺寸应该以第95百分位的数值为依据,这样既能够满足身高较高者的需要,又不会对身高较低者产生任何影响。由人体某一部分决定的物体,如臂长、腿长决定的座位平面高度和手所能触及的范围大小时,其尺寸应以第5百分位为依据,身高较低者够得着的地方,身高较高者也能没问题。

在某些特殊情况下,如果以第5百分位或第95百分位为限值,会造成限值以外的人员使用时不舒适,还可能引起健康受损或造成危险。这时,尺寸界限应扩大至第1百分位和第99百分位,如栏杆间距应以第1百分位为准,紧急出口的直径则应以第99百分位为准。

(2)可调原则

对于与健康安全有密切关系的设计要使用可调准则,即在使用对象群体的第5百分位与第95百分位之间可调。如可升降的吧台椅,能够满足处于不同百分位的对象群体,但是对如何确定调节的幅度有两种观点:一种是采用极值,即第1百分位至第99百分位,尽量满足更多的人的需求;另一种是不用极值,以第10百分位至第90百分位为幅度,这样的设计在技术上更为简便,而实际上90%的人都在第5百分位至第95百分位之间,采用第10百分位至第90百分位的幅度已经能够满足绝大多数人的需求了。

(3)平均原则

即在设计中选用第50百分位的尺寸,因为人体尺寸统计符合正态分布原则。在不涉

及健康、安全问题时,使用平均值为我们设计带来更大的方便。如门铃、插座和电灯开关等,通常以第50百分位为依据,其目的不是在于确定数值界限,而是在于决定最佳范围。

4. 常用的人体静态尺度

人体静态尺度,即常称的人体结构尺寸,是人体处于固定的标准状态下测量的尺寸数据,包括头部、躯干、四肢等的构造尺寸,其测量基准如图3-14。

在室内设计中常用到的人体静态尺度主要有身高、立姿眼高、坐高、坐姿眼高、臀部至膝盖长度、臀部宽度、手臂长度、肩宽等。参考GB10000-88的数据,表3-1对立姿及坐姿时我国的人体平均尺寸进行了总结,图3-15、图3-16表示了主要测量项目的图示,并给出了平均数值。

上表及GB 10000-88中的数据都是人体的裸体测量尺寸,没有考虑穿衣、穿鞋的影响,在具体的应用中应考虑这些因素的影响。在

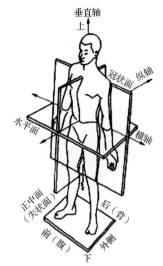

图3-14 人体测量基准面和基准轴

实际的设计中常用的人体尺寸及其着衣修正量总结如下:

(1)身高

指人身体垂直站立、眼睛向前平视时从头顶到脚底的垂直距离。根据身高可以确定人

表3-1 我国人体平均尺寸(单位:mm)

测量项目	性 别	男(18~60岁)			女(18~55岁)		
	百分位数	5	50	95	5	50	95
立姿	1.身高	1583	1678	1775	1484	1570	1659
	2.眼高	1474	1568	1664	1371	1454	1541
	3.肩高	1281	1367	1455	1195	1271	1350
	4.肘高	954	1024	1096	899	960	1023
	5.手功能高	680	741	801	650	704	757
	6.上臂长	289	313	338	262	284	308
	7.前臂长	216	237	258	193	213	234
	8.大腿长	428	465	505	402	438	476
	9.小腿长	338	369	403	313	344	376
	10.最大肩宽	398	431	469	363	397	438
坐姿	11.坐高	858	908	958	809	855	901
	12.眼高	749	798	847	695	739	783
	13.肩高	557	598	641	518	556	594
	14.肘高	228	263	298	215	251	284
	15.臀膝距	515	554	595	495	529	570
	16.膝高	456	493	532	424	458	493
	17.小腿加足高	383	413	448	342	382	405
	18.坐深	421	457	494	401	433	469
	19.下肢长	921	992	1063	851	912	975
	20.臀宽	295	321	355	310	344	382
其他	21.手长	170	183	196	159	171	183
	22.足长	230	247	264	213	229	244

室内设计

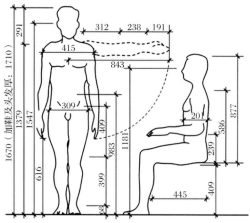

图3-15 我国成年男性中等人体地区的人体各部分平均尺寸(单位:mm)

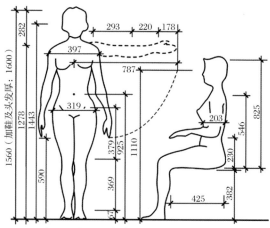

图3-16 我国成年女性中等人体地区的人体各部分平均尺寸(单位:mm)

头顶障碍物的高度,如门、通道等。通常百分位尺寸是人体的净身高尺寸,因此在设计时应考虑人穿鞋后的高度(男性大约需25mm,女性大约需78mm),人举手投足等动作的最小余量90mm,以及心理上无压迫感的高度115mm。以身高作为依据进行设计时,往往采用适用于99%的人,所以通常选择第95百分位至第99百分位数值。(图3-17、图3-18)

（2）立姿眼高

指人身体直立、眼睛向前平视时从地面到内眼角的垂直距离。根据立姿眼高,可以确定屏风、隔断等的高度。在进行设计时,如果功能空间对私密性的要求较高,那么所设计的隔断高度就与身高较高者的眼睛高度密切相关,

这时应该选择第95百分位或更高。如果功能空间对私密性要求较低,设计的目的是允许人能看见隔断里面,那么隔断高度应考虑身高较矮者的眼睛高度,此时应选择第5百分位或更低。(图3-19、图3-20)

（3）肘高

指从地面到人的前臂与上臂接合处可弯曲部分的距离。根据肘部高度,可以确定工作台、柜台、厨房案台以及其他站立使用的工作表面的合理、舒适的高度,最适宜的高度应是低于人的肘部高度7.6cm,同时必须兼顾人体活动的性质。此外,休息平面的高度大约应该低于肘部高度2.5~3.8cm。

假定工作面高度确定为低于肘部高度

图3-17 身高与门的设计

图3-18 身高与门的设计

图3-19 立姿眼高与屏风隔断的设计

图3-20 立姿眼高与屏风隔断的设计

7.6cm，那么从第5百分位（95.4cm）至第95百分位（109.6cm），这样一个范围都将适合中间的90%的男性使用者。考虑到女性肘部高度较低，这个范围应为89.9cm到109.6cm，才能对男女使用者均适用。由于其中可能包含着许多其他因素，如存在特别的功能要求和个体对舒适程度见解不同等，所以这些数值须在实际设计中进行调整。（图3-21）

（4）挺直、正常坐高（放松状态）

指人在挺直或放松状态时坐着，从座面到头顶的垂直距离。根据挺直、正常（放松状态）坐高，可以确定座面上方障碍物的最小间距，如在设计双层床、办公室、餐厅和酒吧、车厢座

的低隔断等时，都会用到这个尺寸。在进行设计时，还应考虑到座椅的倾斜度、坐垫的弹性、衣帽的厚度以及人起坐时的活动等因素。在参照尺度上，采用第95百分位数据较为适宜。（如图3-22）

（5）肩宽

指人肩两侧三角肌外侧的最大水平距离，这是人体的最大宽度。根据肩宽可以确定环绕桌子的座椅的间距，礼堂、影剧院中的排椅座位的间距，还可以确定室内通道和室外步道的宽度。在参照此数据进行设计时，还应考虑到比如衣服的厚度等其他因素，对薄衣服要附加7.9mm，对厚衣服附加76mm的厚度。此

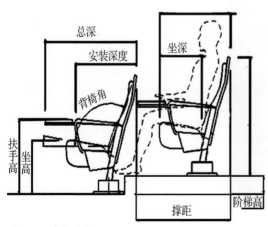

图3-21 肘高的应用

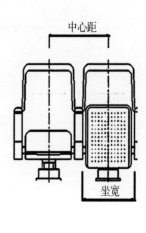

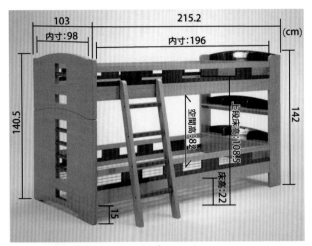

图 3-22 坐高与高低床的设计（单位：cm）

外，由于躯干和肩的活动，两肩之间所需的空间会加大。由于涉及间距问题，通常使用第95百分位数据。（图3-23）

（6）肩高

指从座面到脖子与肩峰交接处的肩中部位置的垂直距离。肩高数据在确定车厢座的高度以及类似的设计中有一定的作用。此外，在设计某些对视听环境有较高要求的空间时，这个尺寸有助于确定出妨碍视线的障碍物。

图 3-23 肩宽的应用

在进行设计时，还应考虑到坐垫的弹性。由于涉及间距问题，通常使用第95百分位数据。（图3-24、图3-25）

（7）坐姿眼高

指人的内眼角到座面的垂直距离。根据坐姿眼高，可以确定视线和最佳视区。坐姿眼高参数适用于影剧院、礼堂、教室和其他对视听环境有较高要求的室内空间的设计。在进行设计时，还应当考虑到头部与眼部的转动角度及其范围、座椅的弹性、座面距地面高度和可调座椅的调节范围。如有适当的可调节性，就可适应从第5百分点到第95百分点或更大范围。（图3-26、图3-27）

（8）两肘之间宽度

指两肘屈曲自然靠近身体、前臂平伸时两肘外侧面之间的水平距离。根据两肘之间的宽度，可以确定餐桌、会议桌、柜台等相邻座椅的距离，并相应与肩宽尺寸结合使用。由于涉及间距问题，通常使用第95百分位数据。（图3-28）

（9）臀部宽度

指臀部最宽部分的水平尺寸。测量臀部宽度可以是坐姿也可以是站姿，坐姿臀部宽度大于站姿臀部宽度，坐姿时的臀部宽度是下半部躯干的最大宽度。根据臀部宽度，可以确定座椅内侧尺度。在设计时，应根据具体情况结合两肘之间宽度和肩宽共同使用。由于涉及间距问题，通常使用第95百分位数据。（图3-29）

（10）肘部平放高度

指从座面到肘部尖端的垂直距离。根据肘部平放高度，以及其他一些相关数据和考虑因素，可以确定工作台、书桌、椅子扶手、餐桌和其他特殊设备的高度。在设计时，还应考虑座椅表面的倾斜、座椅软垫的弹性以及身体姿势等相关因素。肘部平放高度不涉及间距问题也不涉及伸手取物的距离，其目的只是使手臂能够得到休息。所以，选择第50百分位左右的数据较为适宜。通常这个高度范围在14~27.9cm之间，可以适合大部分使用者。（图3-30）

图 3-24 肩高的应用

图 3-25 肩高的应用

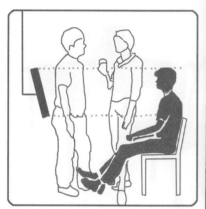

图 3-26 坐姿眼高的应用

图 3-27 坐姿眼高的应用

图 3-28 肘宽数据的应用

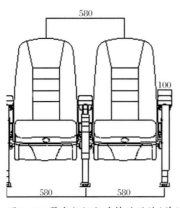

图3-29 臀宽数据与座椅的设计(单位:mm)

图3-30 肘部平放高度与工作台的设计

图3-31 大腿厚度与课桌的设计(单位:cm)

（11）大腿厚度

指从座面到大腿与腹部交接处的大腿端部之间的垂直距离。根据大腿厚度，可以确定书桌、会议桌、柜台及其他一些需要把腿放在工作面之下的室内设备的尺度。特别是有直拉式抽屉的工作台面，使大腿与大腿上方的障碍物之间有适当的间隙，这样人体在坐下时才能感到舒适。在依据大腿厚度进行设计时，膝盖高度和座椅软垫的弹性等因素也应同时考虑。由于涉及间距问题，通常使用第95百分位数据。(图3-31)

（12）膝盖高度

指从地面到膝盖骨中点的垂直距离。根据膝盖高度，可以确定需要把大腿部分放在其下的书桌、餐桌、柜台等的底面到地面的距离尺寸。比如，家具底面与坐着的人之间的靠近程度，是决定大腿厚度和膝盖高度的关键尺寸。

在设计时要同时考虑座椅高度和座垫的弹性，并要保证大腿、膝盖与家具底面有适当的间距，通常使用第95百分位数据。(图3-32、图3-33)

（13）膝腘高度

指人挺直身体坐着时，从地面到膝盖背部（腿弯）的垂直距离。测量时膝盖与脚踝骨垂直方向对正，大腿底面与膝盖背部（腿弯）接触座椅表面。根据膝腘高度，可以确定座面的高度，尤其对于确定座面前缘的最大高度尤为重要。在设计中选用膝腘数据时必须注意坐垫的弹性。如界座椅太高，大腿受到压力会使人感到不舒服，座椅高度若能适应身高较矮的人，那也就能适应身高较高的人，所以通常使用第5百分位数据。(图3-34)

（14）臀部到膝腿部长度

臀部到膝腿部长度是指由臀部最后面到小腿背面的水平距离。这个长度尺寸用于座

图3-32 膝盖高度与座椅设计

图3-33 膝盖高度与座椅设计

图3-34 膝腘高度数据的应用

图3-35 臀部到膝盖长度的设计应用

椅的设计,尤其适用于确定腿的位置、确定椅面的进深度以及确定长凳和靠背椅等前面的垂直面,在设计时还应考虑椅面的倾斜度。通常使用第5百分位数据,这样能适应绝大多数的使用者。

(15)臀部到膝盖长度

指从臀部最后面到膝盖骨前面的水平距离。根据这个长度尺寸,可以确定椅背到膝盖前方障碍物之间的合理距离,在电影院、礼堂和交通工具等空间的固定座椅设计中必须考虑这一因素。这个长度比臀部到足尖的长度短,如果座椅前面的家具或其他室内设施没有放置足尖的空间,臀部到足尖长度即可作为衡量依据。由于涉及间距问题,通常使用第95百分位数据。(图3-35)

(16)臀部到足尖长度

指从臀部最后面到脚趾尖端的水平距离。依据这个长度尺寸,可以确定椅背到足尖前方的障碍物之间的距离。由于涉及间距问题,通常使用第95百分位数据。(图3-36)

图3-36 臀部到足尖长度的设计应用

(17)坐姿时垂直伸够高度

指人坐直,手臂和手指向上伸直时,座面到中指末梢的垂直距离。此数据主要用于确定头顶上方的开关和控制装置等的位置,所以较多地被专业设备的设计人员所使用。设计时应同时考虑座面的倾斜度和座椅的弹性,通常使用第5百分位数据。

（18）垂直手握高度

指人站立取位，手握横杆，然后使横杆上升到不使人拉得过紧的限度为止，此时从横杆顶部到地面的垂直距离即是垂直手握高度。根据垂直手握高度，可以确定开关、把手、控制器、拉杆、书架以及衣帽架等的最大高度。该尺寸是裸足测量的，因此在设计时要考虑穿鞋后的尺度。否则采用高百分位的数据就不能适应身高较矮的人，所以通常选择第5百分位至第10百分位之间的数据。

（19）侧向手握距离

指人直立取位，右手侧向平伸握住横杆，一直伸展到拉得过紧的位置，这时从人体中线到横杆外侧面的水平距离即是侧向手握距离。根据侧向手握距离可以确定设备设计人员控制开关等装置的位置，也可以作为建筑师和设计师在某些特定的场所考虑的问题，比如

医院、实验室等。如果使用者是坐立，这个尺寸可能会稍有变化，但仍能用于确定人体侧面的书架、壁柜位置。如果涉及的人体活动需要使用专门的手动装置或其他某种特殊设备，这都会延长使用者的一般手握距离，在设计时就要考虑这个延长量。由于主要的功用是确定手握距离，这个距离应能够适应大多数人，因此，通常选择第5百分位数据。

（20）向前手握距离

指人肩膀靠墙垂直站立取位，手臂向前水平伸直，拇指尖与食指接触，这时从墙到拇指指端的水平距离。有时人们需要通过某种障碍物去够一个物体或者操纵设备，比如书桌上方安装有搁板式的书架，取书时必须越过书桌，此数据便可以确定障碍物（书桌）的最大尺寸。在设计时，还应考虑操作或工作的特点。通常选择第5百分位数据，能适应大多数人。（图3-37、图3-38）

5. 常用的人体动态幅度

人不是静止的物体，人的肢体会有举手、投足等各种不同的动作。可以把人体的动作分为两类，一是人体处于静态时的肢体的活动范围，称之为作业域；二是人体处于动态时的全身的动作空间，称之为作业空间。

人体结构尺寸是相对静止的某一方向的尺寸，而人在实际生活中是处于一种运动的状态，肢体会围绕着躯干做各种动作，且这些动作总是处在空间的一定范围内。其内容包括肢体的活动角度、肢体的活动范围、手脚的作业域（水平作业域、垂直作业域）。图3-39～图3-41对于人类肢体的活动范围、立姿及坐姿时上肢的可及范围进行了总结。

图3-42～图3-44对坐姿及立姿时上肢的水平、垂直作业域进行了总结，可作为工作台、文件柜等的设计参考。

美国通用汽车公司（GM）对人体坐姿时的垂直作业域的试验，让受试者坐在一个较高的椅子上完成垂直

图3-37 手握测量数据与工作设备设计

图3-38 手握测量数据与工作设备设计

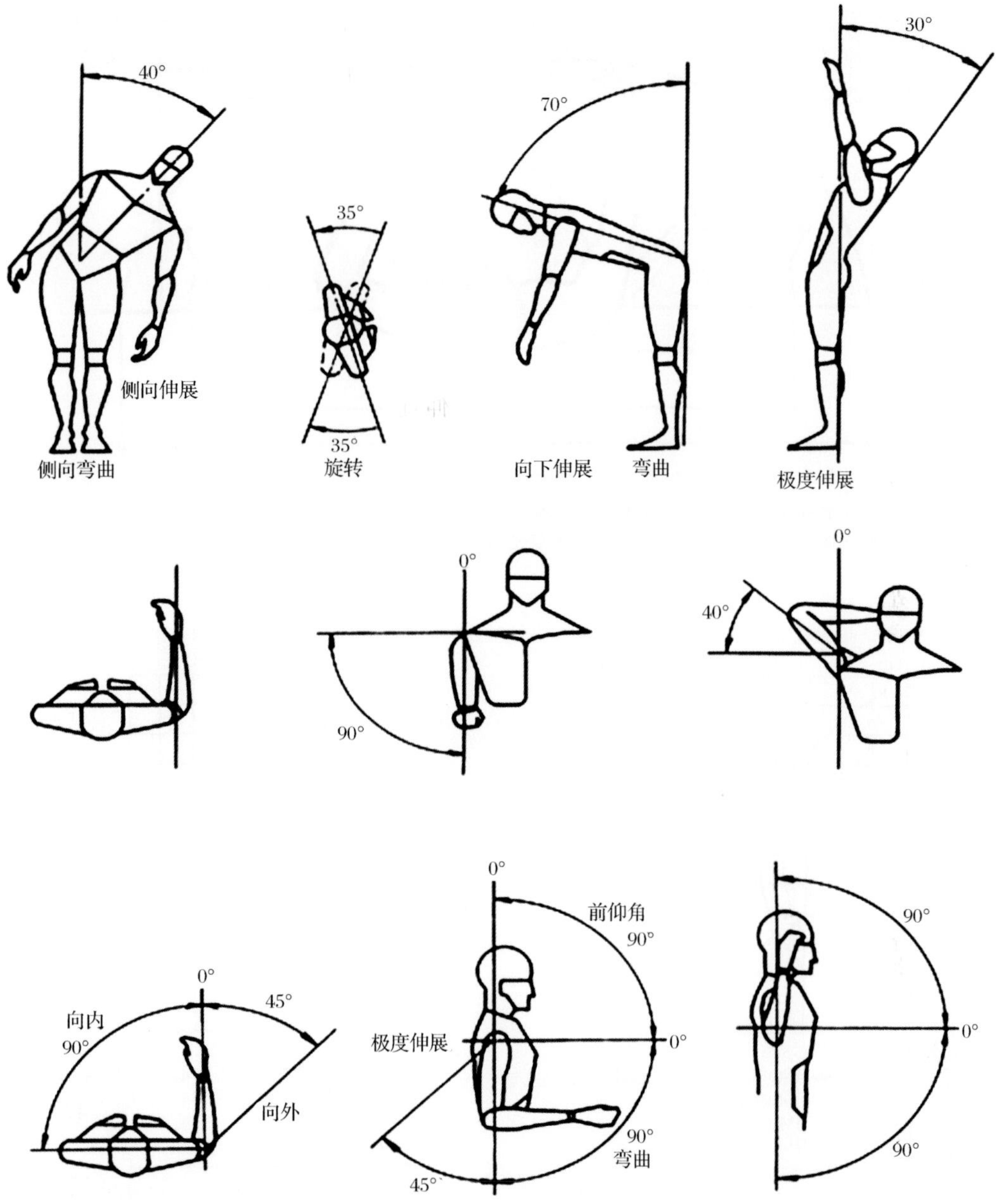

侧向伸展

侧向弯曲　　　　　　旋转　　　　　向下伸展　弯曲　　　　　极度伸展

前仰角

极度伸展

向内　　　　　　向外

弯曲

图3-39　肢体的活动范围

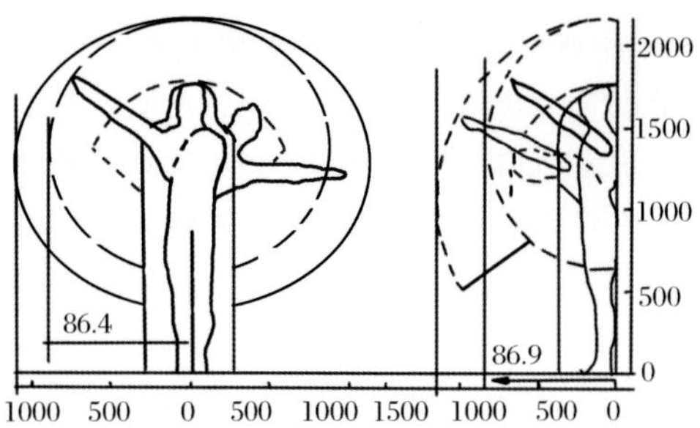

86.4

86.9

图3-40　立姿上身及手的可及范围(单位:mm)

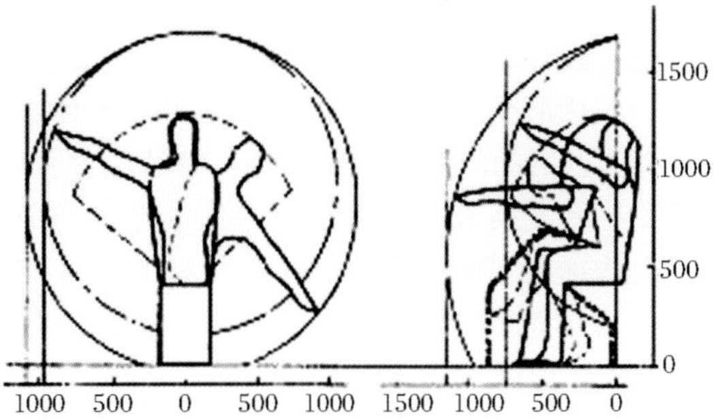

图3-41　坐姿上身及手的可及范围(单位:mm)

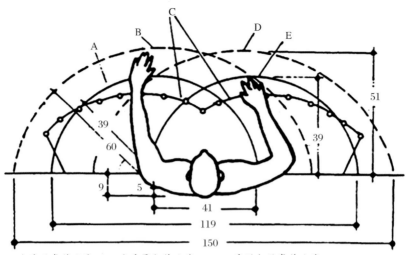

A.左手通常作业域　B.左手最大作业域　C.双手联合通常作业域

D.右手最大作业域　E.右手通常作业域

图3-42　手臂水平通常作业域和最大作业域(单位:cm)

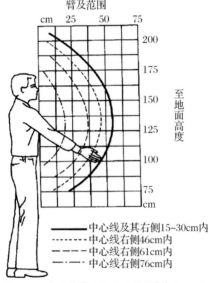

图3-43　立姿单臂垂直作业域图(单位:cm)

中心线及其右侧15~30cm内
中心线右侧46cm内
中心线右侧61cm内
中心线右侧76cm内

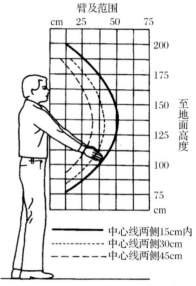

图3-44　立姿双臂垂直作业域图(单位:cm)

中心线两侧15cm内
中心线两侧30cm
中心线两侧45cm

面上的工作,得到人体前面的垂直作业区。这一试验结果,已作为设计标准,在很多设计中运用。(图3-45)

　　人总是在不断地变换着姿态,并且人体本身也随着活动的需要而变动着自身的位置,这种姿势的变换和人体移动所占用的空间构成了人体活动空间,也就是我们所说的作业空间。人体的作业空间是大于人体的作业域的。人体作业空间的研究,对确定人在环境中的活动范围很有用。人体活动大体可分为手

足活动、姿态变化和人体的移动,这些活动都有相应的物体尺度。(图3-46)

6.影响人体测量数据应用的差异性

　　在设计中如果只局限于某些人体共有的基本尺寸和人体资料的简单积累,而离开具体的设计对象和环境进行设计,会导致我们设计出来的尺寸偏离正常范围。我们必须充分考虑到影响人体尺寸的诸多因素,对此进行具体、细致的分析。由于人种、经济条件、遗传、环境等影响,形成了个人以及群体相互之间在

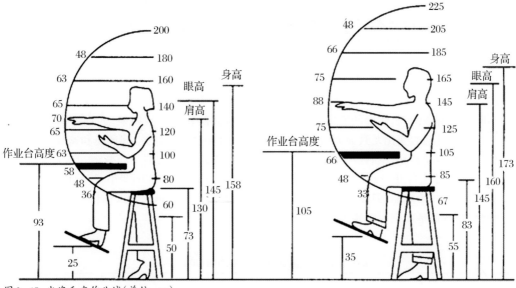

图3-45 坐姿垂直作业域(单位:cm)

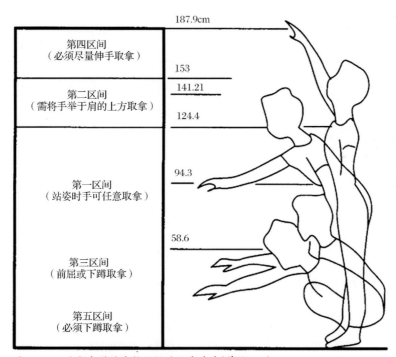

图3-46 人体与各种储存物之间的尺度关系(单位:cm)

人体尺寸上的很多差异,概括起来主要有以下五个方面:

(1)种族的差异和地区差异

不同的国家、不同的地域,不同的种族因其生存的地理环境、生活习惯、遗传基因、经济条件等的差异,而形成了体形特征、身高比例的绝对值等明显的人体尺寸差异,如东南亚人的平均身高约160.5cm,欧洲人的平均身高179.9cm,高差幅度竟达到了19.4cm。甚至在相同以及相近的地区之间也存在着一些差异,如我国北方人的平均身高比南方人的平均身高要高。(表3-2~表3-4)

(2)世代差异

随着人类社会的不断发展,医疗、卫生、教

育及生活水平的提高,体育运动的大力发展促使人类成长发育得到了显著提高,同一地区、同一民族人群的人体尺寸都存在着世代间的差异。比如,欧洲男性的平均身高每10年增加10~14mm。

（3）年龄差异

不同年龄阶段的人,体形的差异是十分明显的。青少年时期的变化尤其显著,这个时期人的身高增长得非常快,女性一般在20岁、男性在30岁左右才会停止身高的生长。随着年龄的增加,身高开始减缩,但体重、宽度等尺寸却开始增加,特别是儿童和老年人这两个年龄段的差异更加明显。由于儿童处在生长发育时期,设计一些公共环境和儿童用具(幼儿园、游乐场等)时,更应该充分考虑安全性和舒适性。如5岁儿童的头部直径尺寸约为140mm,所以栏杆的间距应设计为110mm左右才能阻止儿童头部钻过,以免发生危险。另外,随着人口老龄化越来越明显,人均寿命不断提高,在设计一些家庭的空间环境和家具时,应该充分考虑到老年人的身高减缩,身围加大,手脚所能触及的空间范围变小,行动较为困难等身体特征,设计应该更加人性化。

表3-2 部分国家人体身高平均值(单位:cm)

国别	美国	德国	英国	瑞典	法国	意大利	伊朗	日本
平均身高	177.2	175.5	175.3	174.1	171.1	170.6	168.1	166.7
坐高与身高之比	0.522	0.527	0.524	0.516	0.511	0.526	0.530	0.544

表3-3 我国各省、自治区、直辖市(含港澳台地区)男性/女性平均身高(单位:cm)

序号	省(自治区、直辖市)	男性/女性(20~25岁)	序号	省(自治区、直辖市)	男性/女性(20~25岁)	序号	省(自治区、直辖市)	男性/女性(20~25岁)
1	山东	179.44/169.45	13	陕西	172.72/162.80	25	重庆	169.71/159.71
2	北京	177.32/167.33	14	新疆	172.72/162.72	26	西藏	169.68/159.66
3	黑龙江	175.24/165.25	15	澳门	171.79/161.79	27	甘肃	169.67/159.66
4	辽宁	174.88/164.88	16	江苏	171.54/161.54	28	江西	169.63/159.53
5	内蒙古	174.58/164.58	17	河南	171.49/161.47	29	海南	169.60/159.56
6	河北	174.49/164.50	18	青海	170.95/160.86	30	湖北	169.54/159.56
7	宁夏	173.98/163.96	19	安徽	170.93/160.90	31	贵州	169.35/159.36
8	上海	173.78/163.79	20	福建	170.90/160.89	32	云南	169.24/159.33
9	吉林	172.83/162.84	21	浙江	170.90/160.88	33	湖南	168.99/159.1
10	天津	172.80/162.80	22	香港	170.89/160.93	34	广西	168.96/158.96
11	台湾	172.75/162.70	23	四川	170.86/160.86			
12	山西	172.73/162.74	24	广东	169.78/159.78			

表3-4 我国六区域人体身高平均值(单位:mm)

性别	项目	华东、华北区		西北区		东南区	
		均值 M	标准差 SD	均值 M	标准差 SD	均值 M	标准差 SD
男 (18~60岁)	1.身高 2.胸围	1693 888	56.6 55.5	1684 880	53.7 51.5	1686 865	55.2 56.0
女 (18~55岁)	1.身高 2.胸围	1586 848	51.8 66.4	1575 837	51.9 55.9	1575 831	50.8 59.8
性别	项目	华中区		华南区		西南区	
		均值 M	标准差 SD	均值 M	标准差 SD	均值 M	标准差 SD
男 (18~60岁)	1.身高 2.胸围	1669 853	56.3 49.2	1650 851	57.1 48.9	1647 855	56.7 48.3
女 (18~55岁)	1.身高 2.胸围	1560 820	50.7 55.8	1549 819	49.7 57.6	1546 809	53.9 58.8

（4）性别差异

人体的尺寸、体重和比例关系因为男女性别有着明显的差异。3～10岁这一年龄段男女的差别极小，男女身体的尺寸发生明显差异是从10岁开始的。一般女性的身高比男性低10cm左右。调查表明，身高相同的女性与男性相比，身体比例是不同的，妇女肩窄、臀部较宽，躯干较男子长，四肢较短。在设计中应注意这种性别差异。

（5）障碍差异

残疾人大部分是有行为障碍的人，特别是失去了行走能力、使用轮椅的人。所以设计者要考虑到坐轮椅时手臂能够达到的距离，还应该将轮椅的构造和人行道、端门（第一道门）等的设计综合考虑；对于盲人，除了其他的牵引行为方式之外，也应考虑到盲人的听觉、触觉等帮助盲人完成行为；对于能够行走的残疾人，必须考虑他们是使用拐杖、支架、助步车，还是用导盲犬帮助行走。以上这些都是残疾人功能需要的一部分，所以在进行设计时，除应了解一些人体测量数据之外，还应把这些工具当作一个整体来考虑。另外，在国外针对残疾人的设计问题逐步形成了比较系统的体系，有专门的学科进行研究，称为无障碍设计。

五、人的感觉和知觉

人体工程学研究人本身的生理及心理特性，在本章"人体测量学"中已对人的生理特性进行了介绍，这一部分主要介绍人的感觉、知觉及其特性。

1. 人的感觉及特征

感觉是外界客观刺激作用于人的感觉器官所产生的对外界事物个别属性的反应，人对客观事物的最初认识是从感觉开始的，它是人类最简单的认识形式，也是人类一切复杂心理活动的基础和前提。感觉包括外部感觉和内部感觉，外部感觉指人的视觉、听觉、味觉、嗅觉和皮肤的触觉；内部感觉指运动感觉、平衡感觉、内脏的感觉。感觉的特征包括适宜刺激、感受阈限、感觉的适应、感觉的相互作用等。

（1）适宜刺激

感觉器官只对相适应的刺激起反应，这样的刺激叫作该感觉器官的适宜刺激，如眼睛对光以外的刺激不起反应。人体各感觉器官的适宜刺激和识别特征见表3-5。

表3-5 感觉器官的适宜刺激和识别特征

感觉类型	感觉器官	适宜刺激	识别特征
视觉	眼	光	形状、色彩
听觉	耳	声	声音的强弱、远近等
嗅觉	鼻	挥发性物质	气味
味觉	舌	可被唾液溶解的物质	酸甜苦辣等
触觉	皮肤	物理、化学作用	温度、触压等

（2）感受阈限

① 绝对阈限：外界能刚刚引起人体感觉的最小刺激强度称为绝对感觉阈限。（表3-6）

② 差别阈限：指人体对两种不同刺激所能感觉出来的最小刺激量，也就是刚刚能引起差别感觉的刺激之间的最小强度差，称为差别阈限，又称为最小可觉差。

表3-6 人类各种感觉的绝对阈限

视觉	可看到晴朗夜空下9m外的一支烛光
听觉	可听到安静环境下6m以外钟表的嘀嗒声
嗅觉	可闻到散布于3居室内一滴香水的气味
味觉	可尝出7.5升水中加入1茶匙糖的甜味
触觉	能感觉到从1cm高处落到脸颊上蜜蜂的翅膀

（3）感觉的适应

在刺激物持续作用下可以引起人体感受性的变化，这种变化可以是感受性的提高，也可以是感受性的降低。感觉适应（Sensory Adaptation）指对持续的同一刺激所产生的应激性形态，特别是感受器的适应。也就是说，感受器的感受性（感觉刺激的阈值）逐渐变化，直至稳定在与该刺激相应的值。人类视觉的明适应和暗适应就是感觉适应的直接表现形式。

（4）感觉的相互作用

一般是指一种感觉的感受性受其他感觉的影响而发生变化的现象，这种变化也可以在几种感觉同时产生的时候发生，也可以在先后几种感觉中产生影响。一般的变化规律是：微弱的刺激能提高对同时起作用的其他刺激的感受性，而强烈的刺激则降低这种感受性。比如，轻微的音乐声可以提高视觉的感受性，强烈的噪音可以降低对光的感受性。感觉的相互作用也可以发生在同一种感觉之间，最明显的就是对比现象。比如，天空上的星星在明月下看起来比较稀少，而在黑夜里看起来就明显地增多，这是同时性对比；在吃过糖果之后再吃苹果，苹果变得发酸，而吃了酸苹果之后再吃糖果，糖果就显得格外甜，这就是相继性对比。

2. 人的知觉及特性

知觉是人脑对直接作用于感觉器官的客观物体的整体反映，是对同一事物的各种感觉的结合，是人脑对感觉信息进行加工的过程，所以说知觉是高于感觉的心理活动，它必须以各种感觉的存在为前提。同时，人们对事物的知觉会受到个人知识经验的影响。知觉的特征包括选择性、整体性和恒常性、理解性。

（1）选择性

人不可能同时注意到所有的刺激，而只能是有选择性地对其中少数注意到的刺激信息加以反应。在知觉事物时，从复杂的刺激环境中将有关内容抽出来组织成知觉对象，而其他部分则留为背景。根据需要，对外来刺激物有选择地作为知觉对象进行组织加工的特征就是知觉的特征。如图3-47可以将其理解为指示方向的箭头，也可以将其理解为下楼梯的小朋友，取决于观看者的选择。

（2）整体性

人的知觉是一个主动加工处理信息的过程，当感觉到的刺激信息不完整或零散时，人类

图3-47 知觉的选择性

倾向于把它作为一个整体进行理解。图3-48中的立方体，虽然没有直接画出，但凭借知觉的整体性我们还是能辨认出它的存在。

（3）恒常性

在不同角度、不同距离、不同明暗程度的情境下，观察某一熟知的物体时，虽然该物体的客观映像因环境影响而有所变化，但人总是以通常对物体获得的知觉经验倾向于"物体映像保持不变"的判断。所以，尽管人的感受器接受的刺激在变化，但人所看到的世界是不变的、恒定的、稳定的。知觉的恒常性在视知觉中表现比较明显，有大小恒常性、形状恒常性、方向恒常性、颜色恒常性和亮度恒常性等。（图3-49）

（4）理解性

人的知觉并不像照相机那样只是简单地复制所观察到的事物，而总是根据已有的知识经验去理解它们，用熟悉的概念去表达它，这就是知觉的理解性。图3-50中间的符号可以被理解为阿拉伯数字"13"，也可以被理解为英文字母"B"。

第二节　人体工程学与室内环境

因为室内空间环境存在不同的性质和特点，因此在对其进行划分时也可能根据不同的空间构成形式进行，主要分为生理空间、行为空间、心理空间等。这样的划分有利于对室内空间环境进行系统性和规律化的研究，同时也有助于在设计中的选择与借鉴。

生理空间主要指人的生理需求所要求的空间尺度，如嗅觉和呼吸所要求的通风口大小、视觉上需要的满足采光条件的窗户的大小等。

行为空间主要指满足人的行为活动所需要的空间，一般是根据人体动态尺度和行为活动的范围考虑的空间。如完成炊事活动所需的厨房空间、完成洗浴活动所需的浴室空间等。

心理空间主要指满足人的心理需要的空间大小。如空间有无压迫感、人对室内空间的心理知觉等。室内空间环境的设计要以人体测量数据和人体行为的空间需求为基础，它基本对应于上面所说的生理空间与行为空间。同时，要分析不同空间设计的心理感受，它对应于心理空间。因为生理空间与行为空间的分析总是要结合具体的家具、用具的尺寸来进行，所以将该部分内容放在本章第三节与家具设计一起论述，而本节主要考察室内空间环境设计的心理感受。

一、人对室内空间的心理知觉

除了基本功能的要求以外，室内空间的设计还必须考虑人在室内的心理感觉。比如，如

图3-48　知觉的整体性

图3-49　知觉的恒常性

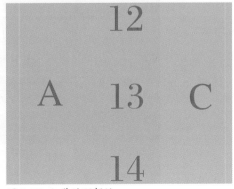

图3-50　知觉的理解性

果房间的顶棚太低,就会有压迫感。因此,我国住宅规范确定住宅高为2.8m,实际净空高约为2.65m,能够满足心理空间的要求。

日本研究人员通过实验研究了人处于室内时对空间大小的心理知觉,得出了如下的实验结果,这些结论对室内环境设计具有重要的参考意义。

1. 人对室内长度的心理知觉

(1)正前方向

通过实验发现,有80%的人的心理知觉距离比实际距离短,平均约短1/8。这意味着人对墙而坐时,心理知觉距离比实际距离短1/8。但是,如果正对面的墙上有窗时,则比无窗时的知觉距离要长1/15~1/20。左右方向距离越窄,前方的相对知觉距离越远。

(2)左右方向

当人处于室内,其左右与墙等距离时,心理知觉的距离和实际距离是保持一致的。而当左右距离离墙壁距离不等时,近的一方的心理知觉距离要比实际的距离要长,而远的一方则会感觉较短。

(3)头顶方向

有约70%的人,其心理知觉高度比实际距离高度要高1/15左右。在15~20m²的房间里,当顶棚高度低于2.3m时,人会感觉很压迫;人

的身高越高,他的压迫感就越大。

2. 人对室内面积的心理知觉

(1)室内空间面积大小知觉

对于15~20m²之间的室内,其面积大小变化在心理知觉上反映不出来,这就是人对面积心理知觉的无差别距离。

(2)有意识和无意识的差别

无意识下的知觉比有意识下的知觉更准确,因为有意识进行评估受许多其他因素产生干扰作用,反而使判断不准确。

(3)空间知觉准确性

一般情况下,女性优于男性,但是女性易受其他暗示干扰因素的影响(如开窗、色彩等)。

在室内空间设计上如果考虑到人的心理作用,能有效地、合理地利用空间。例如,前方距离由于心理感觉变短,可用后退色(如蓝色)来调节。此外,通过改变室内构造要素(开窗位置、大小、室内配色等)来调节知觉空间。(图3-51、图3-52)

二、室内空间环境设计

1. 空间布局

将人在居室内的行为规律和行为特征用图表表现出来,即形成了居住行为的空间秩序

图3-51 开窗位置、大小与人的心理作用

图3-52 室内灯光、配色与人的心理感受

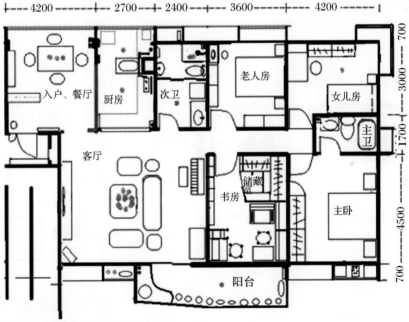

图3-53 典型的室内空间布局(单位:mm)

模式,这种空间秩序应符合人的行为特征和心理需求。如私密性强的空间(卧室、卫生间等)应设置在室内的尽端位置,而客厅等开敞空间则应布置在居室中间的人流通过的位置。图3-53以此为标准,提供一个可参考的室内环境总体设计。

在图3-53室内环境总体设计的基础上,可进一步对某些独立的居室单元进行空间环境的布局设计。如卫生间的空间环境设计,首先应该针对卫生间所应具备的功能进行分析,总结其功能设置;然后参考人体测量数据及人在卫生间内的主要活动所需的空间,对卫生间主要设备进行布局设计。(图3-54~图3-57)

2. 室内环境

影响室内视觉环境的因素包括空间形态、照明、色彩和光影、空间界面、家具的材料质

035

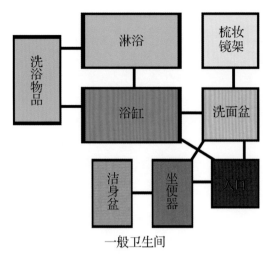

图 3-54　卫生间的功能设置

感、室内与室外的协调性等。一般的室内形态多为长方形,长方形的空间比较适合设备、家具的布置,但对于公共活动空间而言就显得比较呆板;室内空间界面所使用材料的性质决定空间界面的质感,如起居室和卧室应当以柔和为主,卫生间则应光洁。而木质材料等生物材料是比较好的装饰材料,质感、装饰性好,还能自动调温调湿。

对于光环境,必须通过采光、人工照明以及色彩来调节。人对日光最适应,因此应尽量采集自然光来满足照度要求,夜间则通过人工照明实现合理的光环境。为了达到较好的采光效果,一般室内窗户的面积不能小于室内地面面积的1/16。

一般来说,不管是在室内还是在室外,眼睛的视点离开自己所在的基准面越高,人的心情就越发紧张。换句话说,就是人站着时比坐着时要紧张,而坐在地板上可以随时躺下时,又比坐在椅子上更能从紧张感中解放出来。在伴随有紧张感的行为时,光源的位置和明亮

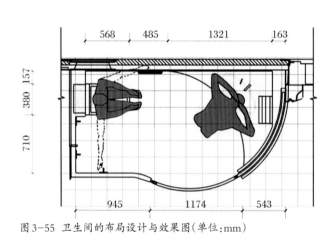

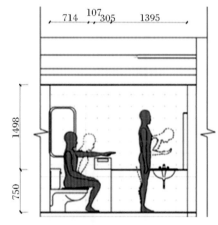

图 3-55　卫生间的布局设计与效果图(单位:mm)

图 3-56　卫生间的布局设计与效果图

图 3-57　卫生间的布局设计与效果图

的重心适宜放得高一些。当心情放松时，就要把光源的位置放低以使亮度照射的重心降低。因此，相比把照明灯具直接安装在顶棚上，靠近桌面吊挂的悬垂装饰灯具更容易有愉悦感；接近地面的落地灯相比高大的落地灯相比，感觉会更易放松。

另外，还应注意室内物质环境（空间围护结构的质量、家具和电器设备、厨房、卫生间设备等的条件），如墙体的保温和隔声，门窗的安全、保温、隔声，厨卫以及调温、通风设备等。（图3-58）

图3-58 室内环境设计效果图

三、人际行为与室内交往空间

1.人际行为与人际距离

现代生活中各种各样不同的人员交往频繁，交往行为导致人际关系更加复杂，人们因为这些交往联系而融于整个社会生活中，形成各种关系。

（1）空间上的人际行为与人际距离

人与人之间的交往很大程度上体现在他们之间的空间距离上，不同类型的人际交往中人与人之间保持着不同的空间距离。人们的交往行为对人赖以生存的空间环境也起着非常重要的作用，各种不同的交往行为决定了室内空间设计的构成。一般而言，交往双方的人际关系以及所处环境决定着相互间自我空间的范围。美国人类学家爱德华·霍尔（Edward Twitchell Hall）根据人际关系的密切程度与行为特征确定了四种交往距离：密切距离、个人距离、社会距离和公众距离。（图3-59）

① 密切距离（0~0.45m）：在这个范围内，所有的感官一起作用，所有的动作、表情都一览无遗，是表达温柔、爱抚、沮丧和激愤等强烈情感的距离。在家庭居室和私密性很强的房间里会常出现这样的人际距离。

② 个人距离（0.45~1.2m）：关系亲近的朋友和家庭成员谈话的距离，家庭餐桌距离就属于这种距离。

③ 社会距离（1.2~3.6m）：邻居、同事、普通朋友之间的交谈距离，会客厅、洽谈室、起居室等地方的人际距离。两人之间谈话无远距离感的最大值约为2.45m。

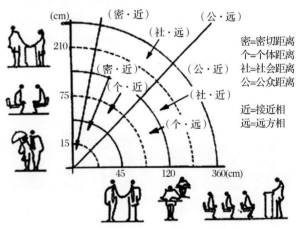

图3-59 人际距离（单位：cm）

④ 公众距离（大于3.6m）：单向交流的集会、演讲场所、大型会议室、正规严肃的接待室等处的人际距离。

在室内环境设计中，较小的空间能让人感觉温馨宜人、心情放松，小的场所使人们可以看见和听到他人，在小的空间中，细节和整体都能全景看见；相反，大的空间则令人感到冷漠和缺乏人情味，有疏离感。

（2）感官上的人际行为与人际距离

人际距离的设计影响人际交往的效果，感官的距离和感受强度之间的相互关系应在设计中被充分考虑，如嗅觉距离、听觉距离和视觉距离。

① 嗅觉距离：1m以内，能够闻到衣服、头发、身体所散发出来较弱的气味；2~3m以内，能够闻到香水或别的较浓的气味；3m以外，只能闻到浓烈、较为刺激的气味。因此，在设计

室内交往空间环境时,家具布置要留有适当距离,以免出现尴尬。

② 听觉距离:1~3m,可进行一般交谈;7m之内也属于一般交谈;30m以内,可以听清楚演讲;如果超过35m,还能听见叫喊,但很难听清楚具体内容。因此,应根据不同的使用目的,布置接待空间,如果超过30m,则应使用扬声器,即使使用扬声器也只能一问一答进行交流。

③ 视觉距离:20m以内,可看清人物表情(剧场最远观众席距舞台不宜超过20m);30m以内,能看清一个人的年龄及面部特征;70~100m,可分辨出一个人的性别、大概年龄和动作行为(足球场最远的观众席到球场中心不宜超过70m);500~1000m,根据背景、照明和动感可分辨出人群。

图3-60 起居行为与交往空间

图3-61 起居行为与交往空间

距离既可以在不同的社会交往中用来调节人们相互之间关系的强度,也可以用来控制每次交往的始终。因此,人们几乎在所有的接触中都会有意识地利用距离因素来控制交往过程。比如,有着共同的兴趣或感情比较深厚,则参与者之间的距离就会缩短,人们就会走得很近,反之则会较远。

2. 人际行为与交往空间

人的交往行为对周围环境有着特殊适应性。在室内空间中,由于所处的空间大小、形态、层次的限制,人自然而然会产生与其相应的行为方式。人际关系决定人际行为,人际行为决定交往空间。

(1)起居行为与交往空间

起居室是家庭居室中重要的空间。它是会客、娱乐和学习的重要场所,很多时间都在这里度过。在这里交往的人一般都是亲人、朋友,交往距离一般在4m以内,这个距离会更有亲近感。因此,作为起居室(不含餐厅)一般设计在16~20m²之间。(图3-60、图3-61)

(2)服务行为与交往空间

服务行为是顾客与服务人员之间的一种交往行为,按照交往方式不同服务的行为有以下三种:

① 间隔式服务行为:顾客与服务员之间有一个不大的隔离空间。如商场柜台、宾馆服务台、银行柜台,等等。这种空间有形并且固定,人际交往距离为0.45~1.3m。(如图3-62)

② 接触式服务行为:顾客与服务员之间没有隔离的一种服务行为,如医院诊疗、理发、美容,等等,人际交往距离在0.45m以内。(图3-63)

③ 近前式服务行为:餐厅里的就餐服务行为属于这种行为,人际交往距离为0.45m~1.3m,方便与顾客沟通。(图3-64)

(3)商业行为与店堂设计

如何把顾客引入店内,并使顾客在店内多处停留,发生消费行为,这是店堂设计的目的,室内设计师要设计合理的店堂购物诱导系统。视觉引导方式有以下四种:

① 店堂环境诱导:引入顾客。

② 店内空间构成、定位与区划:空间构成

舒适,商品陈列布置的空间定位吸引顾客,空间区划清楚。

③ 商品展示与陈列及店内通道:展示与陈列一目了然,通道顺畅。

④ 店堂环境氛围:照明布置、色调、照度合理,地面及室内装修适中、安全。

由于顾客目的不同,所以顾客在店内的行为也多种多样,但通过归纳研究有以下七种行为:只在店堂门口停留不进入店内;绕店内空间一周;迂回地绕店内空间一周;顾客在店内局部空间停留较长时间;从一个入口到另一个入口,穿过店堂;在店内曲折迂回,并多处停留;在店内多次往返走动。

图 3-62 间隔式服务行为与室内空间设计

通过上面的分析,就能发现合理的店堂设计可以通过室内空间的布局与划分、商品展示与陈列的方式及室内环境氛围的设计达到吸引顾客的目的。图 3-65 ～图 3-67 中是常见的几种商业店堂室内空间设计的方式。

另外,货柜与货架是商品展示的重要设施,货柜一般高约 90 ～ 100cm,深度约为 50 ～ 60cm。货架一般高约 240cm,深度约为 40 ～ 70cm。同时,店内通道的宽度要适当,使柜台前的顾客有足够的购物空间(约 40cm),每股人流为 55cm,如果两边都有货柜,则通道宽度可按下面的公式进行计算:

图 3-63 接触式服务行为与室内空间设计

$W=2×40+55×N$

$N=$人流股数(一般可按 2 ～ 4 股计算)

(4)观展行为与展厅空间

观展行为的特点包括求知性、猎奇性、渐进性、抄近路、向左拐和向右看、向光性等,在进行展厅空间设计时要注意展示流线的设计,包括展厅的功能流线和观众、工作人员的活动流线。其中,能否合理控制观众的流向、数量、流速和行走方式是展厅设计成功与否的关键。

对于逻辑性和顺序性较强的展品或主题展馆而言,可设计成封闭性的展示空间,使观众只能从一个门口进,从另一个门口出。对于其他的展览则可采取开放

图 3-64 近前式服务行为与室内空间设计

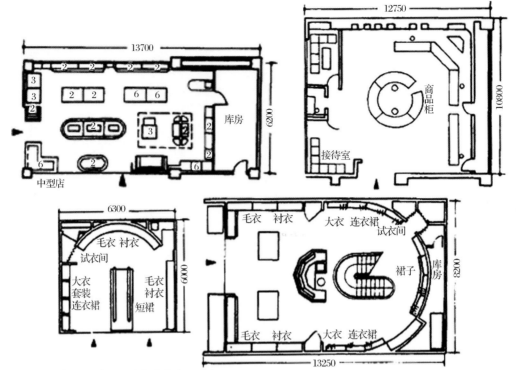

图3-65 商业行为与店堂空间设计

图3-66 商业行为与店堂空间设计

图3-67 商业行为与店堂空间设计

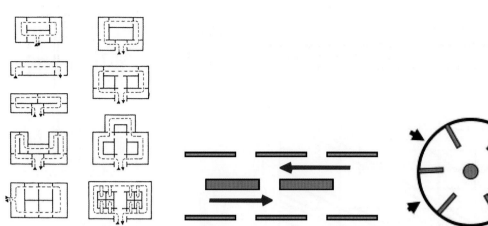

图3-68 串联式、走道式与放射串联式展厅空间布局

性更强的空间布局,让观众有更多的选择的余地。根据展示内容,满足不同观展路线要求,有串联式、放射式、走道式、大厅式、放射串联式等。(图3-68)

串联式路线是由各陈列区相互串联,观众参观路线连贯,方向单一,灵活性差;走道式是在各陈列道具之间用走道串联,参观路线明确而灵活,但交通面积多,展示的面积和空间较少;放射串联式展厅空间布局兼具两者的优点,且方便人群的疏散,是一种较为理想的展厅布置方式。

图3-69 北京市海淀区博物馆

展区面积与通道面积之比根据展示内容而有不同,一般情况下约为1:3,具体情况如下:观赏型的美术展约1:4,专业贸易型展览约1:1~1:2,巨幅挂件展区约1:1~1:2,精致小件展区约1:2。

另外,展品应当是观众视野中最显眼最直观的对象。光源一定不要引人注目,这样才能使观众的注意力集中在展品上;对于希望重点突出的展品,常采用加强局部照明的方式,使它与周围环境的亮度对比更加明显。为了让参观者能更真切地欣赏展品的色泽,在陈列绘画、彩色织物、多彩展品等对辨色要求高的场所,应采用显色指数不低于90的照明光源;对辨色要求一般的场所,可采用显色指数不低于80的照明光源。同时,展品背景的亮度和颜色不要喧宾夺主。一般来说,展品与背景的亮度比在3:1左右,对于画品为2:1、三维物体为5:1这类比较特殊的展品,则背景一般采用无彩色系列或只有极淡的颜色,表面无光泽、无纹理。色温方面,需统筹考虑室内环境和展品保护等因素,色温相差越大越容易使人产生视觉疲劳,通常选用低压卤钨灯(2900K)、三基色荧光灯(3000K)等。(图3-69)

第三节 人体工程学与家具设计

本章第一节中介绍的人体测量数据是家具设计的基本依据,而身高又是人体测量中最常见的数据,为了方便设计时参考,已有学者

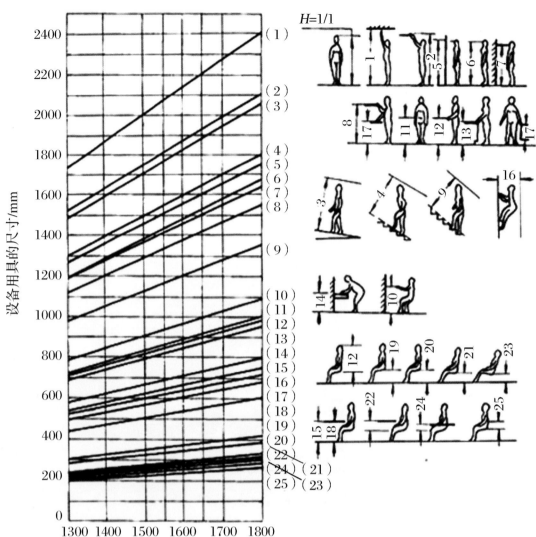

图3-70 以身高为基准的设备和用具尺寸推算图(单位:mm)

总结了以身高为基准的设备和用具尺寸推算图(图3-70),可作为家居设计的基础人体工程学资料。图中总结了常见的各种家具的设计尺寸与人体身高的关系,以身高为横轴、设备用具的尺寸为纵轴绘制了关系图。比如,标号为"12"的参考线,表明了座椅靠背高度与身体身高的关系,从中可以看到,适应身高为1700mm的人体的座椅靠背高度应在900mm左右。

一、常见室内单元的家具设计

室内空间环境的设计要以人体测量数据和人体行为的空间需求为基础,要研究分析人体进行各种行为时所需的空间,以此为依据进行室内空间设计。在具体的设计中,可以将室内空间分为独立的几个单元,分别分析在这些单元中人的行为空间特点与生理空间需求,并提出相应的设计参考。

1. 餐厅的家具设计

通过分析人在餐厅的主要活动,可获得其所需的空间尺度,为餐厅的空间环境与家具设计提供参考尺寸。(图3-71、图3-72)

2. 起居室的家具设计

图3-73分析了人在起居室的主要活动及所需的空间尺度。起居室的空间环境与家具设计应保证人体活动所需的空间范围,并给出了可供参考设计的效果图。(图3-74、图3-75)

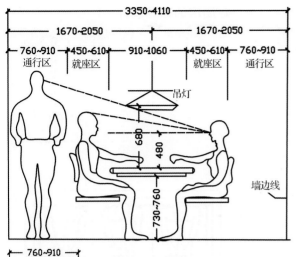

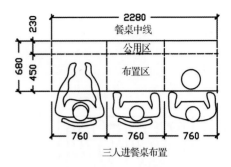

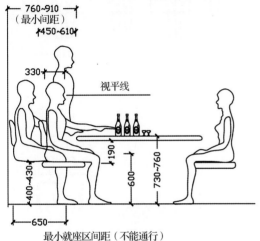

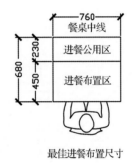

图 3-71　餐厅的人体活动空间尺度参考(单位:mm)

图 3-72　餐厅家具设计效果图

3. 卧室的家具设计

图3-76、图3-77分析了人在卧室的主要活动及所需的空间尺度。卧室的空间环境与家具设计应保证人体活动所需的空间范围，并给出了可供参考设计的效果图。（图3-78、图3-79）

4. 厨房的家具设计

图3-80分析了人在厨房的主要活动及所需的空间尺度。厨房的空间环境与家具设计应保证人体活动所需的空间范围，并给出了可供参考设计的效果图。（图3-81、图3-82）

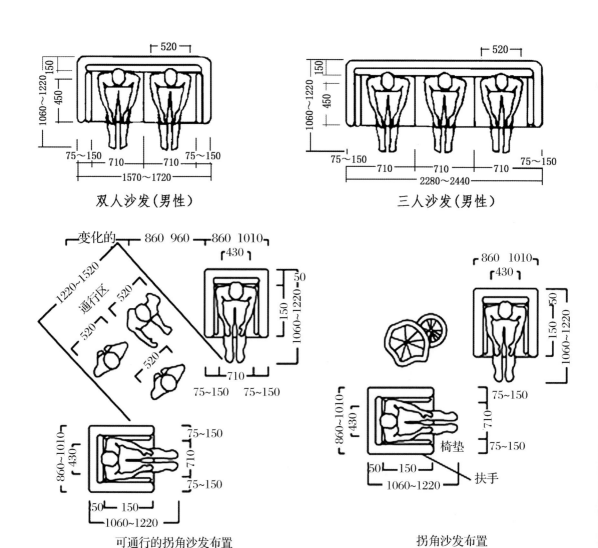

双人沙发（男性）

三人沙发（男性）

可通行的拐角沙发布置

拐角沙发布置

图3-73 起居室的人体活动空间尺度参考（单位：mm）

图 3-74 起居室家具设计效果图

图 3-75 起居室家具设计效果图

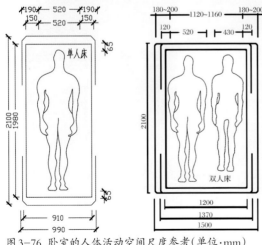

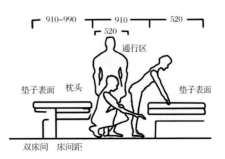

图 3-76 卧室的人体活动空间尺度参考(单位:mm)

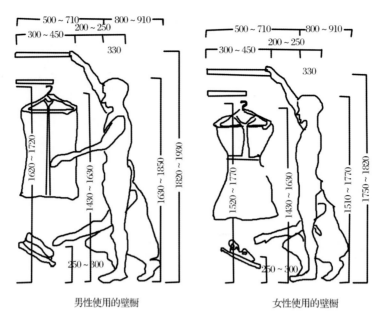

男性使用的壁橱

女性使用的壁橱

图 3-77 桌子、小衣柜与床的距离(单位:mm)

镜子
视平线
床边线
表面
床
抽屉

图 3-78 卧室家具设计效果图

图 3-79 卧室家具设计效果图

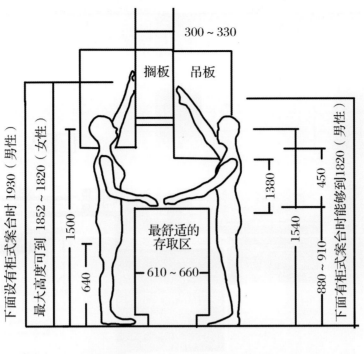

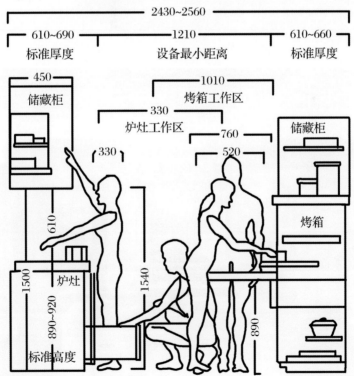

图 3-80 厨房的人体活动空间尺度参考(单位:mm)

图3-81 厨房家具设计效果图

图3-82 厨房家具设计效果图

5. 卫生间的家具设计

图3-83～图3-85分析了人在卫生间的主要活动及所需的空间尺度。卫生间的空间环境与家具设计应保证人体活动所需的空间范围，并给出了可供参考设计的效果图。（图3-86、图3-87）

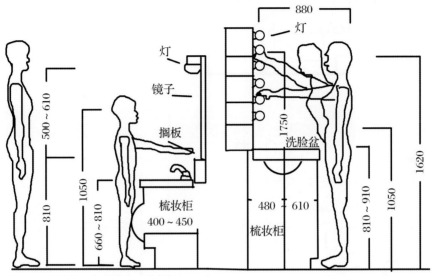

图3-83 女性和儿童洗脸盆尺寸（单位：mm）

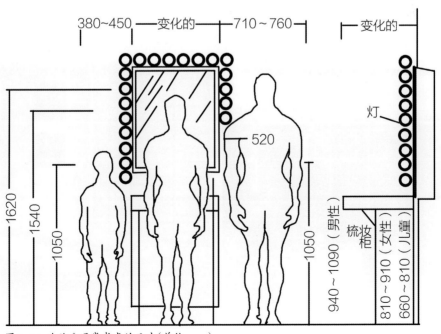

图3-84 洗脸盆通常考虑的尺寸（单位：mm）

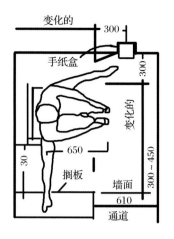
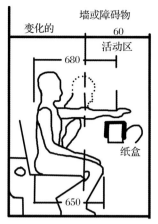

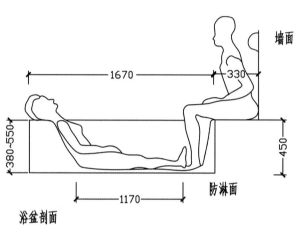

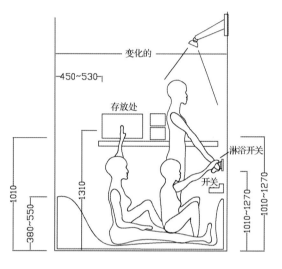

浴盆剖面

图3-85 坐便器、浴盆考虑的设计尺寸(单位:mm)

图3-86 卫生间家具设计效果图

图3-87 卫生间家具设计效果图

二、人体工程学分析与家具设计实践

本节研究的目的是对某高校学生宿舍的家具进行人体工程学分析，找到其设计中不合理的地方，并应用人体工程学的知识找到其关键尺寸所对应的人体测量数据，明确百分位的选择，同时确定其各部分设计尺寸的参考范围。（图3-88~图3-90）

在人体工程学分析中，可采用图示的方式表现在使用过程中人体与寝室家具之间的关系。图3-91为了避免分析图示中过多的尺寸标注影响显示的明确性，可以采用打上背景格子的方式，每个格子代表确定的长度（200mm），这样就不需要再标注尺寸线。（图3-92~图3-94）

图3-88 学生宿舍的书桌

图3-89 学生宿舍的凳子

图3-90 学生宿舍的书桌

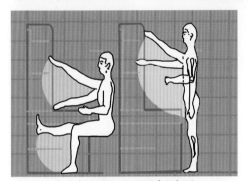
图3-91 寝室家具的人体工程学分析图

图3-92 寝室家具的人体工程学分析图

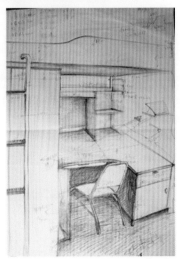
图3-93 寝室家具的人体工程学分析图

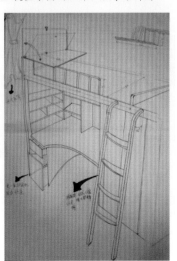
图3-94 寝室家具的人体工程学分析图

将人体工程学分析的结果用图表表示，其中明确了寝室书桌与凳子的主要设计尺寸、目前的尺寸、对应的人体测量数据（百分位的选择与其对应的百分位数）及设计建议。（图3-95、图3-96、表3-7）

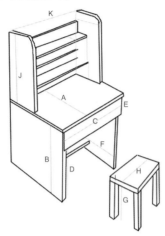

图3-95 书桌与凳子的主要设计尺寸

表3-7 寝室用书桌与凳子的人体工程学分析结论

尺寸代码	尺寸名称	对应的人体测量数据	百分位：百分位数	目前的尺寸(cm)	存在的问题	改进的建议
A	桌面深度	手臂平伸手握距离	P90:58	60	无	无
B	桌面高度	肘部平放高度	P90:73	73	无	无
C	桌面宽度	两肘之间宽度	P50:42.2	71	无	无
D	容膝高度	腿弯高度+大腿厚度+抽屉	P50:68.3	56	容膝高度不够	减少抽屉的高度
E	抽屉高度	腿弯高度+大腿厚度	P50:54.3	14	无	无
F	容膝深度	坐姿下肢长	P50:91.2	19.5	深度不够	去掉挡板
G	凳子高度	腿弯高度	P50:41.3	44.5	无	无
H	凳子深度	坐深	P50:45.7	28	不够	加深
I	凳子深度	坐深	P50:45.7	28	不够	加深
J	书架高度	立姿摸高	P90:无对应数据	86	合适	无
K	书桌长度	坐姿双臂长	P50:无对应数据	1500	合适	无

通过测量与分析，可以发现目前的书桌和凳子主要存在以下问题，并提出了改良设计的建议：

1. 凳子宽度的问题及改良建议

凳子宽度过窄，可以由原来的28cm加宽到45cm，且凳子的坐面应改成弧形的面，增加其舒适感，增加靠背，使用弧形的符合人体脊柱曲线的靠背。

2. 容膝高度的问题及改良建议

容膝高度与桌子的高度和抽屉的高度有关，但是目前桌面高度符合人体坐姿两肘高度的要求，则问题出现在抽屉上，所以解决的办法是减小抽屉的高度。

3. 容膝深度的问题及改良建议

容膝的深度与桌子的深度和挡板的深度有关，但是在桌子深度比较符合人体需求的情况下，问题出现在挡板上，解决办法是减少挡板的深度。

4. 桌面倾角的问题及改良建议

书桌的设计应根据设计专业的特点，设计可调节的桌面倾角，方便绘图工作。

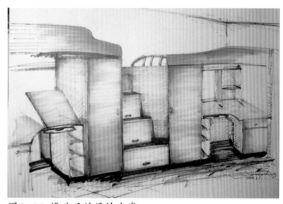

图3-96 修改后的设计方案

第四章　室内空间形态及设计

室内空间的类型多变源于人们丰富多彩的物质和精神文化生活的需要。当代日益发展的科技水平和人们对美好事物的追求,使得对室内空间环境的追求更加多元化。

第一节 室内空间形态类型

建筑空间有外部空间和室内空间之分,而室内空间又有固定空间和可变空间之分,室内空间形态还可分为封闭空间、开敞空间、结构空间、动态空间、静态空间、悬浮空间、虚拟空间、共享空间、母子空间、下沉空间、地台空间、迷幻空间等。

一、封闭空间

用墙体、不具有穿透性的隔离材料等限定性较高的围护实体包围起来,无论是视觉、听觉还是嗅觉等都具有很强隔离性、隐私性的空间称为封闭空间。此空间是独立内向的、拒绝性的,具有很强的安全感、私密性,周围环境对该空间的影响和干预也会相对减小。封闭空间在不影响特定的封闭机能的原则下,往往可以采用窗户、灯饰、织物、镜面、人造景窗等元素来扩大空间感和增加空间的层次,打破封闭空间的沉闷感。(图4-1)

二、开敞空间

开敞空间与封闭空间是相对的,空间开敞的程度取决于空间围合的界定、侧界面的围合程度、开洞的大小以及启闭的控制能力等因素。开敞空间与封闭空间在程度上也有所区别,如介于二者之间的半开敞与半封闭空间,这取决于房屋使用的性质与使用者心理的需求。开敞空间是外向性的,限定度和私密性比

图4-1 封闭空间

图4-2 开敞空间

较小,强调与外界环境的交流与渗透,讲究对景、借景;与自然或周围空间的融合,更能提供景观范围与视野的开阔程度。和同样面积的封闭空间相比,开敞空间在使用上更具有灵活性,更具有外张力。开敞空间的心理效果表现为开朗和活跃,性格是接纳性的。开敞空间经常作为室内外的过渡空间,也具有一定的流动性和趣味性。(图4-2)

三、结构空间

通过观赏结构外露部分，领悟结构构思及营造工艺所形成的空间环境，称为结构空间。结构空间的艺术表现力强，对人的感染力也很强烈，是现代空间艺术审美中极为重要的倾向。室内设计师应充分利用合理的结构为视觉空间提供更有创造力的美感，使得结构的现代感、科技感、力度感和安全感更能体现出来，同时更具有震撼人心的魅力。（图4-3、图4-4）

四、动态空间

动态空间又称为流动空间，空间构成形式变化多样，从动态上引导人们观察周围事物，把人们引入一个由空间和时间相结合的"第四空间"中（图4-5、图4-6）。动态空间的主旨是不把空间作为一种消极静止的存在，在空间设计中追求连续的运动空间，保持最大限度的交融，通过通透的视线达到无阻隔性或极小阻隔性的空间。动态空间方向性强，变化灵活，空间组织形式多样。具有空间的开敞性与视觉的导向性。动态空间往往采取流畅的、极富动感的、有方向引导性的线型，来增强流动感。在其中某些需要隔音或保持一定小气候的空间，为了保持与周围环境的流通，也经常采用透明度大的隔断。（图4-7）

动态空间有以下特点：利用机械化、自动化、电气化的设施配合人的各种活动，形成丰富的动势，如电梯、自动扶梯、可调节的围护面、各种管线、旋转地面等；组织引入流动的空间系列，方向性较为明确；空间组织灵活，人的活动路线多向；采用对比强烈的图案和有动感的线型；色彩斑斓的光影变化以及生动悦耳的背景音乐；引进自然景物，如小溪、阳光、花木、鸟类等；结合楼梯、壁画、家具、灯饰，使人的活动时动时静；利用匾额、楹联等启发人们对动态的联想。

图4-3 结构空间

图4-4 结构空间

图4-5 动态空间

图4-6 动态空间

图4-7 动态空间

图4-8 静态空间

五、静态空间

静态空间常采用对称式和垂直水平面进行处理,形式相对稳定。其多为尽端空间,空间的私密性较强,构成较为单一,视觉比较集中,空间比较清晰明了,满足人们心理上对动与静的交替追求(图4-8)。

静态空间一般有这些特点:空间的限定度较强,趋于封闭型;多数为尽端空间,具有较强的隐私性;接近于一种静态的平衡,多为对称空间。除了向心、离心以外,较少其他的倾向;空间及陈设的比例与尺度协调;光线较柔和、色彩淡雅和谐,装饰简洁;视线转换平和、避免强制性引导视线的因素。

六、悬浮空间

室内空间的垂直方向划分采用悬吊结构时,上层空间的底界面依靠吊杆悬吊,而不是依靠墙或柱子来进行支撑;也有不用吊杆,而用梁在空中架构起一个小空间,形成一种悬浮的感觉的形式。由于底面没有支撑结构,因而可以保持视觉空间的轻盈、通透、完整,并使底层空间的利用也更加合理、灵动。(图4-9)

七、虚拟空间

虚拟空间是指在界定的空间内通过界面的变化来再次限定的空间,往往在范围上缺乏较强的限定度。它没有十分完备的隔离形态,往往依靠"视觉实性"与联想来划定空间,因此又称"心理空间"。它常常是处于母空间中,与母空间沟通但又具有一定独立性和领域感,是一种可以通过简化装修来获得理想空间感的

图4-9 悬浮空间

空间。虚拟空间可以利用各种隔断、家具、水体、照明、色彩、陈设、绿化、材质、结构构件等来限定空间,这些因素是重点装饰的重要组成部分。(图4-10)

八、共享空间

共享空间由波特曼(John Portman)首创,规模宏大,内容丰富,手法新颖,是一个具有多种空间处理手法的综合体系。共享空间的产生是为了适应各种频繁的社交活动和满足丰富多彩的精神生活的需要。它往往处于大型公共建筑内的公共活动中心和交通枢纽,如酒店大厅、地铁站,含有多样的空间要素和设施,使人们有较大的选择性,是综合性、多用途的灵活空间。共享空间把室外空间的特性引入室内,使空间与自然有机结合。它的空间处理具有大小兼容、内外有致、动静结合、穿插交

错、极富流动性等特点。其通透的空间充分体现了动感的特性。(如图4-11)

九、母子空间

母子空间是对空间的二次限定,是在原空间(母空间)中,用实体性或象征性手法再限定出小空间(子空间)。这种共性中强调个性的空间处理手法是公共建筑设计与室内空间处理的一大进步。这种方式类似我国传统建筑中的"楼中楼""屋中屋"的做法,既能满足功能要求,又丰富了空间层次感。在许多大空间中分隔出小空间,增强了人们交往的亲切感与私密性,它们既有一定的领域感和私密性,又与大空间有相当的沟通,是满足群体与个体能在大空间中各得其所、融洽相处的一种空间类型,封闭与开敞兼顾的方法被许多建筑设计类型所采纳应用。(图4-12)

十、下沉空间

下沉空间又称地坑,是指室内地面局部下沉,限定出一个范围比较明确的空间。这种空间的底面标高较周围低,有较强的保护感与宁静感,性格是内向的。处于下沉空间中,视点降低,周边环境新颖有趣。下沉的深度和阶数根据环境条件和使用要求而定,少则一二级,多则四五级。充分利用下沉空间,是为了加强围护感与隐私感,美化环境,在高差边界处可布置座位、柜架、围栏、绿化、陈设等。由于受到结构的限制,在层间楼板层,下沉空间往往是靠抬高周围的地面来实现。(图4-13)

十一、地台空间

与下沉式空间相反,将室内地面局部抬高,抬高面的边缘划分出的空间称为地台空间,其作用与下沉空间是相反的。由于地面抬高升成一个台座,因此引人注目,其性格是外向的,

图4-10 虚拟空间

图4-11 共享空间

图4-12 母子空间

图4-13 下沉空间

具有收纳性和展示性,适用于橱窗陈列与柜台展示的设计,许多商场将地台设计应用到商品展示中,往往起到一个商品宣传的作用。在家居处理中地台的设计能够使处于地台上的人们视野开阔,是朋友聊天畅饮的安静空间。地台空间往往直接把台面当座席、床位,在台下贮藏并安置各种设备,还可利用地台通风换气,起到调节室内气候环境的作用。利用地台与家具、设备相结合,充分利用空间,能够创造简洁新颖的空间效果。(图4-14)

十二、迷幻空间

迷幻空间的特色即是创造神秘、新颖、动荡、光怪陆离、变幻莫测、超现实的戏剧化的空间效果。在其空间造型的设计上以形式为主,有时甚至不考虑其实用性,而是利用扭曲、断裂、倒置、错位等手法对空间进行创造。在迷幻空间里家具和陈设奇形怪状,照明上讲究色彩多变,跳跃离奇,追求怪诞的光影效果,在色彩上则突出浓艳娇媚,线型突出动势,图案注重抽象,装饰与陈设追求粗犷,表现现代工艺所造成的奇光异彩和特殊肌理。在比较狭窄的空间里,常常利用镜面等来扩展空间感,利用镜面的幻觉装饰来丰富室内空间造型,避免了空间的单调感。(图4-15~图4-17)

图4-14 地台空间

图4-15 迷幻空间

图4-16 迷幻空间　　　　图4-17 迷幻空间

第二节　室内空间的塑造

室内设计首先进行的是空间组合,合理地组织与分割空间是室内空间设计的基础,空间各组成部分之间的关系,主要是通过分隔的方式来体现的。而现代空间组合呈现出一些新的趋势,传统的分隔方式受到了挑战,要根据空间的特点及功能需求,考虑艺术特点及心理要求,对室内空间分区进行全新大胆的改革。现代分隔方式将室内空间按照功能需求来分隔,如交往区、功能区、私密区、礼仪区和室外区,等等。室内空间的塑造呈现多样化。

空间的分隔与联系,是室内空间设计的重要内容。分隔的方式决定了空间联系的紧密程度,分隔的方法则是在满足不同的空间分隔要求的基础上,创造出更加富有情趣与意境的空间的手段。

一、绝对分隔

绝对分隔是指利用建筑结构、到顶的隔断或家具对空间对行分隔,绝对分隔空间与周围环境的流通性较差,但可以保证隐私性和全面抗干扰的能力,常用于居住建筑物、餐厅包厢等空间。(图4-18、图4-19)

1. 用建筑结构进行分隔

利用建筑本身的结构、内部空间的建筑架构的梁柱或地坪的高低差来对空间进行分隔。如用砖、轻钢、石膏板、龙骨等承重墙体或轻质隔离材料对空间进行分隔,称为通隔,这样分隔出来的空间能有效地对声音、温度、视线等进行隔离,这种隔离有着非常明确的界限,

是封闭的,形成了独立的空间。隔音效果好,视线完全阻隔,相邻空间互不干扰是这种分隔方式的重要特征。

此种分隔的特点是具有力度感、工艺感、安全感,结构以简练的点、线等要素组成通透的虚拟界面。(图4-20～图4-23)

2. 用隔断和到顶的隔断式家具进行分隔

利用各种隔断和到顶的家具来对室内空间进行分隔,隔断以垂直面的分隔为主;家具以水平面的分隔为主,且不承重,家具在造型的同时起到了隔断空间的作用。这样分隔出来的空间具有私密性与封闭性,在设计时应注意隔断与家具的高矮、长短和虚实等的变化统一。可运用隔断的颜色搭配来同居室的基础部分协调一致。在隔断的材料选择和加工上需要精心挑选和加工,从而实现良好的形象塑造和美妙颜色的搭配。尤其隔断是一种非纯功能性构件,所以材料的装饰效果应该放在首位。

在隔断物的选择上,家具中的桌、椅、沙发、茶几、高低柜等物品都能够用来分隔空间。但是通过隔断式家具分隔出来的空间必须要注意采光问题,解决不好采光,用家具分隔出来的空间就会呈现出昏暗的效果,达不到美化空间的作用,因此采光在隔断式家具布局中非常关键。(图4-24～图4-29)

二、象征性分隔

空间用建筑物的梁柱、地坪的高低差、绿化植物、家具、材质、色彩、光照等来分隔,比如

图4-18 绝对分隔空间

图4-19 绝对分隔空间

图4-20 拱券分隔

图4-21 旋转楼梯分隔

图4-22 装饰构架分隔

图4-23 几何形构架分隔

图4-24 隔断分隔空间

图4-25 隔断分隔空间

图4-26 隔断分隔空间

图4-27 家具分隔空间

图4-28 家具分隔空间

图4-29 家具和玻璃隔断共同分隔空间

图4-30 象征性分隔

图4-31 象征性分隔

图4-32 珠帘装饰分隔空间

片段的面、栏杆、构架、玻璃、花格等通透的隔断,都属于象征性分隔。这种分隔方式的限定度较低,分隔性不明确,空间界面模糊,但在心理层面上可以通过人们的联想来感知,侧重心理效应。其在空间划分上是隔而不断,流动性很强,层次丰富,在心理上仍是分隔的两个空间。(图4-30、图4-31)

1. 陈设或装饰分隔

利用陈设与装饰进行分隔,具有较强的向心感,空间充实,层次变化丰富,容易形成视觉中心。利用软隔断即珠帘、特制的折叠连接帘等分隔空间,多用于住宅、水体、工作室等起居室之间的分隔。(图4-32)

2. 水体与绿化分隔

利用水体与绿化进行分隔，具有美化和扩大空间的效应，使空间具有亲和性，贴近自然。如用水池、花架等建筑小品对室内空间进行划分，不仅扩大了空间，而且又能起到分隔空间、活跃气氛的作用。（图4-33~图4-36）

图4-33 利用水景分隔空间

图4-34 水池造型分隔空间

图4-35 植物分隔空间

图4-36 植物分隔空间

图4-37 不同色相分隔出空间的进退关系　　图4-38 利用地毯分隔空间

3. 低矮的隔断或家具分隔

在象征性分隔中,利用低矮的隔断对空间进行分割,由于隔断不承重,因此造型自由度较大,空间动静分明,具有一定的私密性。隔断的选材需要精心挑选。在一定程度上低矮隔断起到的装饰性效果往往大于其实用性。

而用低矮家具对空间进行分隔,则可以根据空间活动的需要,从空间形象出发。家具布置可以灵活多变,造型也相对自由。如果空间较小,家具布置可相对紧凑简洁,而异形空间则可以随空间形态而与之协调。

4. 造型或材质进行分隔

室内空间分隔设计中艺术材质的选用具有非常好的效果。对于室内空间的饰面材料,材质的选择不仅要考虑室内的视觉效果,还应带来美的感受,如大理石、花岗岩、金属、室内织物,以及木质材料等。通过材质的变化在视觉上对空间进行分隔,有利于空间的造型与区分。

5. 光和质感进行分隔

光与质感的分隔是利用色相的明度、纯度变化,材质的粗糙、平滑对比,照明的配光形式区分,达到分隔的目的。而光线、色彩、材质是可以灵活运用的,可以体现出空间分隔的奇妙之处。

图4-39 利用瓷砖的材质分隔空间

如果客厅足够大,墙壁的色彩也可以根据不同区域来变化,但要避免给人杂乱无章的感觉。这种设计应在统一的大色调下,做到整体协调,不可对比太过突兀。像墙面、地面、天棚都可采用此种方法。利用不同的地面材料来区分,如在会客区铺上地毯,在餐厅铺木地板,通道处铺防滑砖等,这也是分隔的一种形式,虽然没有用实物分隔,但这种软分隔可以使空间结构更加协调和统一。同时,还可以通过挂吊式灯具或其他灯具的适当排列对空间进行适当的划分,布置相应的光照来分隔。(图4-37 ~ 图4-41)

图4-40 利用瓷砖的材质分隔空间

图4-41 垂直灯柱分隔空间

6.用综合手法分隔(图4-42~图4-45)

图4-42 综合手法分隔空间

图4-43 综合手法分隔空间

三、局部分隔

局部分隔是利用阻隔（如屏风、家具、翼墙、未到顶的隔断等）来对空间进行划分，称为局部分隔。这种分隔的限定程度强弱也因分隔体的大小、形状、材质等不同而有所区别。局部分隔对声音、温度以及视线均有分隔，局部分隔的特点介于绝对分隔与象征分隔之间，有时界限不大分明，常用于将大空间划分为小空间时采用。（图4-46）

四、弹性分隔

利用活动帘、拉门、叠拉帘等活动隔断和家具、陈设等来分隔空间，可以根据使用需求随时启闭或移动，空间也随之改变，这种分隔方式则称为弹性分隔，这样分隔的空间称为弹性空间，这个空间既独立又具有隐私性。弹性分隔的方式介于开放式分隔与半开放分隔之间。（图4-47）

五、利用基面或顶面的高差变化分隔

利用高差变化来分隔的空间限定性较弱，只靠局部形体的变化来划定空间，给人启示和联想。虽然这种空间装饰的形状较为简单，但却可以获得理想的空间领域感。利用基面或顶面的高差变化来分隔空间的方法有以下两种：

1. 升高局部室内地面

这种方法在居室内较少使用，一般不适合于内聚性的活动空间，因其在效果上具有发散的弱点。

2. 降低局部室内地面

在一般空间内不允许局部过多降低，这种方法较少采用，但在效果上内聚性较好。顶面高度的变化方式较多。通过高度变化的调整可以使整个空间的高度增高或降低；也可以是在同一空间内通过利用挑台、悬板等方式将空间划分为上下两个空间层次，既可扩大实际空间领域，又可丰富室内空间的造型效果，这种方式多用于公共空间环境。利用界面凹凸与高低的变化进行分隔，具有较强的展示性，使空间的情调富于戏剧性变化，活跃与乐趣并

图4-44 综合手法分隔空间

图4-45 综合手法分隔空间

图4-46 局部分隔

存。（图4-48～图4-52）

第三节 室内空间感的调节

在室内空间设计中，对于结构失衡的不理想空间，可以利用空间整治的方法进行调节，使之具有流畅的空间形式美，达到人们的审美

室内空间调节主要从实质性调节和非实质性调节两大类来调节。实质性调节，又可分为局部性调节和界面调节。非实质性调节，可分为色彩调节、造型和图案调节、材质调节、灯光调节、错觉调节。

一、实质性调节

1.局部隔断调节

就是用局部隔断的方式改变空间的形状大小，调节空间的布置方式，改变空间的布局。

隔断作为分隔室内空间的重要方法之一，简捷方便，符合现代人的需求。它不仅可以最大程度利用室内空间的面积，而且因其隔断形式的多样性与极强的可操作性，还可以和不同的室内装饰风格相融合，符合现代室内设计的"轻装修，重装饰"的设计理念。隔断的两个主要方式是固定隔断和活动隔断，分别具有不同风格、不同材质的运用和装饰效果。

固定隔断用固定的方式分隔室内空间。而活动隔断相对灵活，在需要分隔时将其展开，形成墙面，不需要分隔时将其收回折起，重新恢复原来的大空间，使用起来非常灵活方便。随着隔断的不断创新，新的款式、材料以及新的设计发展方向，出现了各种各样的隔断方式，甚至还有将二者相互交融的新式隔断。

2.界面调节

通过界面（地面、墙面、顶面）形状、层次的变化进行调节，如利用吊顶的层次变化，降低局部空间的高度，改变空间结构。

室内界面即围合成室内空间的底面（地面）、侧面（墙面、隔断）和顶面（平顶、天棚）。不同界面的艺术处理都是对形、色、光、质等造型因素的恰当应用。室内界面的设计，既要有功能技术要求，也要符合造型和美观要求。作为材料实体的界面，有界面的材质选用和构造问题，也有界面的线形和色彩设计问题，还需要与建筑的室内设施、设备相互协调。

图4-47 弹性分隔

图4-48 利用地面高低落差分隔空间

图4-49 利用地面高低落差分隔空间

要求。人们对室内空间的感知主要包括比例与尺度、封闭与开敞、人工与自然、丰富与单调、动与静等。对于不理想的空间，可利用材质、照明、色彩、线型、陈设、错觉、启发联想等方面进行调节。

二、非实质性调节

非实质性调节是指在不改变建筑物的主体结构的情况下，利用图案、材质、色彩、灯光等手段来调节室内环境的空间感。主要调节方式如下：

1. 色彩调节

通过对色彩亮度、彩度、对比度等进行优化调节，满足不同空间对色彩差异度的不同需求，创造更加个性化的空间。

2. 造型和图案调节

通过对界面（地面、墙面、顶面）的图案设计，对人视觉造成一定的影响，改变空间的空旷感、局促感和呆板感。形是创造良好的视觉效果和空间形象的重要媒介，通常分为点、线、面、体四种基本形式。

3. 材质调节

利用材质给人们的基本感觉来进行调节，包括材料本身的结构表现和加工处理，以及人对材料的感知。不同材质的表面属性能够改变空间感，如用透明玻璃制造的家具与隔断可使空间显得开阔；地毯可以改变大理石地面给空间造成的生硬感和冰凉感；石材、瓷砖、玻璃给人感觉冷峻清凉；木材、织物给人感觉亲切、柔和。

4. 灯光调节

光照是人感受物体形状、空间、色彩的生活的需要。光线可以构成空间，又能改变空间；既能美化空间，又能破坏空间。

5. 错觉调节

利用普通人视线上的错觉来调节空间，主要可利用镜面玻璃或层次分明的大型壁画来扩展空间、拓宽视野。利用镜子扩展与调节空间，可在一个实在空间里面制造出一个虚的空间，而虚的空间在视觉上却是实的空间。图案或壁画等使用在室内装修装饰设计中会降低人们对空间高低、大小的识别度，让其产生错觉。

图 4-50 利用地面高低落差分隔空间

图 4-51 利用地面高低落差分隔空间

图 4-52 利用顶棚高低落差分隔空间

第五章　室内装饰材料与构造

设计的最终目的，是将设计师的创意变为现实。在室内设计中，要实现这一目标，就必须利用建筑装饰材料，并通过一定的技术手段来完成。所以，学习室内设计，不仅仅限于设计本身，还必须掌握建筑装饰材料及构造的知识，这样才能保证设计的有效实施。

装饰材料是指用于建筑物内各界面诸如天棚、地面、墙面、柱面及建筑外墙的基层和覆面材料。装饰材料从建筑装饰装修构造的角度可分为基层材料和面层材料。基层材料在施工完成后是被遮蔽住的，主要起承载、固定、找平、保护等作用。面层材料是我们在室内空间中能够看到的所有界面的表面，主要起装饰作用。装饰材料的选用必须满足人的生理和心理需求。

在现代室内设计中，装饰材料不仅可以美化室内环境，同时还具有隔热、防潮、防火、吸声、隔音等功能，起着保护建筑物主体结构、延长其使用寿命以及满足某些特殊要求的作用，是建筑物不可或缺的部分。

建筑装饰材料有成千上万种，装饰装修的构造方法也是种类繁多，因篇幅有限，不可能一一列举，本章重点介绍一些常见的装饰材料和基本的构造方法。

第一节　天棚常用装饰材料及构造

天棚是建筑空间内的顶面、建筑屋底和楼层板底的总称，又叫顶棚、天花等。天棚在室内空间中所处的位置容易引人注目，可视范围较其他界面广，因此往往成为室内设计的重点。

天棚不仅具有通风、照明、保温、隔热、吸声、遮蔽管道、架设线路等功能，而且具有较强的装饰功能，天棚的形式影响着整个室内空间的风格（图5-1、图5-2）。此外，天棚还应该满足牢固、环保、阻燃、防潮、耐久等要求。所以，天棚的设计必须考虑建筑功能、建筑声学、建筑热工、设备安装、管线敷设、维护检修、防火安全等综合因素。

一、天棚的类型

天棚的形式千变万化，其类型也是多种多样，可以按类型和构造技术进行划分。

1. 按类型划分

（1）按天棚外观形式划分

有平滑式天棚、井格式天棚、悬浮式天棚、分层式天棚等。（图5-3～图5-8）

（2）按施工方法划分

有抹灰刷浆类天棚、裱糊类天棚、贴面类天棚、装配式天棚等。

图5-1　重庆富力凯悦酒店宴会厅

图5-2 千岛湖润和建国度假酒店中餐厅

图5-3 平滑式天棚

图5-4 平滑式天棚

图5-5 井格式天棚

图5-6 井格式天棚

图5-7 悬浮式天棚

图5-8 分层式天棚

（3）按结构构造层的显露状况划分

有开敞式天棚、隐蔽式天棚等。

（4）按面层与格栅的关系划分

有活动装配式天棚、固定式天棚等。

（5）按天棚表面材料划分

有木质天棚、石膏板天棚、各种金属板天棚、玻璃镜面天棚等。

（6）按天棚承受荷载划分

有上人天棚、不上人天棚。

此外，还有结构天棚、软体天棚、发光天棚，等等。

图5-9 直接式天棚

2. 按构造技术划分

虽然天棚的装饰装修形式、构造方法千变万化，但从其最基本的构造技术上说，天棚可分为直接式天棚和悬吊式天棚两大类。

（1）直接式天棚

直接式天棚又叫无空间天棚，是指直接在建筑结构层底面抹灰、喷（刷）、粘贴装饰材料，是一种结构简单、经济、施工快捷的构造形式。直接式天棚装修的完成面与建筑结构底面没有空间距离，可有效地利用空间高度，适合于层高较低和天棚无须造型的空间。（图5-9）

直接清水天棚是利用原建筑结构底面材质的肌理，不再作任何装饰的天棚形式。直接抹灰、喷（刷）、粘贴天棚是直接在原建筑结构底面抹灰、喷（刷）、粘贴装饰材料的天棚形式。

（2）悬吊式天棚

悬吊式天棚又叫有空间天棚，通常也称为吊顶，它是现代室内装饰装修中应用最为广泛的一种天棚形式，主要由吊杆、龙骨、各种连接件及覆面材料组成。按其构造形式可分为活动天棚、结构天棚、隐蔽天棚、开敞天棚等。

悬吊式天棚可遮蔽供暖设备和消防系统等的管道，可架设管线，可创造千变万化的天棚造型形式，这些都是直接式天棚所不能做到的。但是，悬吊式天棚比直接式天棚的构造技术要复杂得多，且造价也高于直接式天棚。

二、天棚常用装饰材料

天棚装饰材料包括基层材料和覆面材料。

1. 天棚基层材料

天棚基层材料主要起支撑、固定和承载重量的作用。室内装饰装修中常用的基层材料包括木质材料和金属材料两大类。

（1）天棚木质基层材料

天棚木质基层材料是指用于天棚的骨架的材料，也就是通常所说的天棚的龙骨。按其构造形式可分为内藏式木骨架和外露式木骨架。内藏式木骨架是隐藏于天棚内部、起支撑和承载重量作用的，其底面可覆盖各种面层材料。内藏式木骨架通常采用针叶木加工成截面为方形或矩形的木条。外露式木骨架是直接吊在建筑结构层底面。

（2）天棚金属基层材料

天棚金属基层材料是指用于天棚的龙骨及其配件，包括轻钢龙骨和铝合金龙骨两大类。

①轻钢龙骨是以镀锌钢板或冷轧钢板经冷弯、滚轧、冲压等工艺制作而成，根据其断面形状分为U型龙骨、T型龙骨、C型龙骨、V型龙骨。

A. U型龙骨、T型龙骨：主要用于室内装饰工程中的吊顶。U型龙骨有D38、D50、D60三个系列，其中D38系列为不上人龙骨，D50、D60系列为上人龙骨。

B. C型龙骨：主要用于室内的隔墙，有Q50、Q70、Q100、Q150四个系列。

C. V型龙骨：又叫直卡式龙骨，是现今装饰工程中采用最为普遍的一种吊顶龙骨。

室内设计

轻钢龙骨具有自重轻、刚性强度高、安装方便（装配化施工）、防腐性好及阻燃等优点，同时还适应多种覆面材料的安装，因此被广泛应用于室内装饰工程中。

② 铝合金龙骨是铝材通过挤（冲）压技术成型，表面以烤漆、阳极氧化、喷塑等工艺处理而成，根据其断面形状分为T型龙骨和LT型龙骨。根据T型龙骨和LT型龙骨覆面材料的架板安装形式又分为明龙骨和暗龙骨。

铝合金龙骨具有阻燃、抗腐蚀和耐酸碱性好、安装方便的优点。因生产厂家不同而有各自的产品系列，但其主龙骨的长度通常为600mm和1200mm，次龙骨的长度通常为600mm。

2. 天棚覆面材料

天棚覆面材料可以是直接喷（刷）于直接式天棚基层上的各类涂料、粘贴于直接式天棚基层上的墙纸（布）、各类装饰板材等面层材料，也可以是安装于悬吊式天棚的龙骨底面的各种板材类基层材料。安装于龙骨之上的覆面材料很多，常用的有胶合板、纸面石膏板、埃特板、矿棉吸声板、硅钙板、金属装饰板等。

（1）胶合板

胶合板又叫木夹板，是将原木蒸煮，经旋切或刨切成薄片，然后干燥、涂胶，将相邻薄片的纤维方向相互垂直，并按奇数纵横交错粘合、压制而成，所以也称之为三层板、五层板、七层板、九层板等（图5-10）。胶合板通常作普通基层用，多用于吊顶、隔墙、天棚或墙面的造

型、家具的结构层等。

胶合板的规格较多，最为常见的长宽规格为1220×2440mm，厚度规格一般为：3、5、7、9、12、15、18mm。

（2）石膏板

用于天棚装饰的石膏板通常是纸面石膏板。

常用纸面石膏板有普通纸面石膏板、防火纸面石膏板和防潮纸面石膏板三种。纸面石膏板以熟石灰为主要原料，掺入普通纤维或无机耐火纤维与适量的添加剂、耐水剂、发泡剂，经搅拌、烘干处理，并与重磅纸压合而成（图5-11）。纸面石膏板具有重量轻、强度高、阻燃、防潮、隔音、隔热、抗震、收缩率小、不变形、不老化、防虫蛀等优点，且加工简便，可用钉、锯、刨、粘等方法施工，常作为室内装修的吊顶、隔墙材料用。

纸面石膏板的主要规格长度1800mm、2100mm、2400mm、2700mm、3000mm、3300mm、3600mm；宽度900mm、1200mm；厚度9.5mm、12mm、15mm、18mm、21mm、25mm。纸面石膏板除了常见规格外，厂家还可根据用户要求，生产其他规格尺寸的板材。

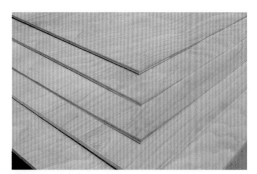

图5-10 胶合板

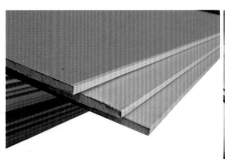

图5-11 纸面石膏板

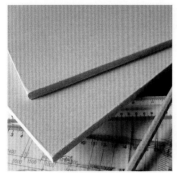

图5-12 埃特板

图5-13 立体矿棉吸声板

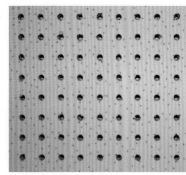

图5-14 冲孔矿棉吸声板

（3）埃特板

埃特板是以优质水泥、高纯石英粉、矿物质、植物纤维及添加剂经高温、高压蒸压处理而制成的一种绿色环保、节能的新型装饰材料（图5-12）。埃特板具有质轻而强度高，保温隔热性能好，隔音、吸声性能好，使用寿命长，防水、防霉、防蛀、耐老化、阻燃等优点。其安装快捷，可锯、可刨、可用螺钉固定，适用于室内外各种场所的隔墙、吊顶、家具、地板等，它的种类较多，有吊顶板、隔墙板、隔音板、贴瓷砖板、弯曲板、外墙板等。规格有 600×600mm、1220×2440mm 两种，根据用途不同厚度为 4～18mm。

（4）矿棉吸声板

矿棉吸声板是以岩棉或矿渣纤维为主要原料，加入适量的黏结剂、防潮剂、防腐剂经成型、加压烘干、表面处理等工艺制成（图5-13、图5-14）。矿棉装饰吸声板具有质轻、阻燃、保温、隔热、吸声、表面效果美观等优点，长期使用不变形，施工安装方便。矿棉吸声板最大的优点是吸声效果好，防火性能突出，质量轻。缺点是强度低，易损坏。

矿棉吸声板表面形式丰富，有滚花、冲孔、覆膜、撒砂等，有经过铣削成形的立体型矿棉板，表面制作成大小不同方块、宽窄条纹各异的形式。还有一种浮雕型矿棉板，经过压模成形，有中心花、十字花、核桃纹等造型，表面图案精美。此外，矿棉吸声板根据功能分，有普通型矿棉板、特殊功能型矿棉板；根据矿棉板边角造型结构分有直角边（平板）、切角边（切角板）、裁口边（跌级板）；根据矿棉板吊顶龙骨分有明架矿棉板、暗架矿棉板、复合插贴矿棉板、复合平贴矿棉板，其中复合插贴矿棉板和复合平贴矿棉板需和轻钢龙骨纸面石膏板配合使用。

矿棉板常用规格有 495×495mm、595×595mm、595×1195mm；厚度为 9～25mm。

（5）硅钙板

硅钙板又叫石膏复合板，主要由硅酸钙组成，由硅质材料、钙质材料、增强纤维等作为主要原料，经过制浆、成型、压蒸养护、烘干、表面砂光等工序而制成（如图5-15）。其原料来源广泛，硅质原料可采用石英砂磨细粉、硅藻土、膨润土或粉煤灰等；钙质原料为生石灰、消石灰、电石泥和水泥；增强材料为石棉、纸浆等。硅钙板具有防火、防潮、隔音、隔热、强度高等性能，在室内空气潮湿的情况下能够吸收空气中的水分子。室内空气干燥时，又能释放水分子，可以起到适当调节室内干、湿度的作用。

硅钙板的规格为 500×500mm、600×600mm；厚度为 4～20mm。

（6）金属装饰板

金属装饰板是以不锈钢板、铝合金板、薄钢板等为基材，经冲压加工而成。表面作静电粉末、烤漆、滚涂、覆膜、拉丝等工艺处理。金

图5-15 硅钙板

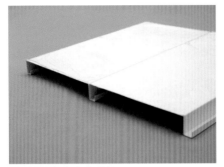

图5-16 铝合金条形板

图5-17 铝合金方形冲孔板

属装饰板自重轻、刚性大、阻燃、防潮、色泽鲜艳、线型刚劲明快。最常见的金属装饰板吊顶是铝合金天花,是用高品质铝材通过冲压加工而成。按其形状分为铝合金条形板、铝合金方形板、铝合金格栅天花、铝合金挂片天花、铝合金藻井天花等,表面分有孔和无孔。(图5-16、图5-17)

铝合金装饰天花构造简单,安装及更换方便。其型号、规格繁多,各厂家的品种、规格有所不同。

三、天棚的构造

在室内装修中,天棚的构造形式多种多样,在此介绍一些常见的天棚构造原理。

1. 直接式天棚的基本构造

直接式天棚构造简单,构造层厚度较小,可充分利用空间,同时用材少,施工方便,造价较低。但缺点是不能隐藏管、线等设备,常常用于普通建筑及室内高度受限的空间。

直接抹灰、喷(刷)天棚是在原建筑楼板底面直接进行多次反复的抹灰找平和打磨工序。用水泥砂浆或水泥石灰砂浆抹灰处理,抹灰厚度为2~6mm,再用腻子刮平、砂纸打磨,再找平,直至基层的平整度达到要求为止。最后喷(刷)涂料或乳胶漆等面层材料数遍(根据不同面层材料决定喷刷的遍数)。

若面层为裱糊类材料,还须对将要粘贴的基层面进行处理,通常须涂刷醇酸清漆或墙纸基膜。也可在建筑结构层底面的水泥砂浆层上粘贴装饰石膏板或其他饰面材料,但要求楼板结构层表面平整度较高。(图5-18)

2. 悬吊式天棚的基本构造

悬吊式天棚通常由吊杆(吊筋)、龙骨、基

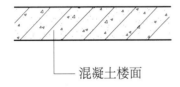

└─ 混凝土楼面

(1)直接清水顶棚

└─ 混凝土楼面
└─ 水泥砂浆抹灰2-6mm

(2)直接抹灰顶棚

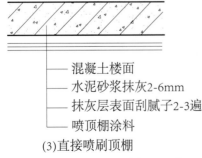

└─ 混凝土楼面
└─ 水泥砂浆抹灰2-6mm
└─ 抹灰层表面刮腻子2-3遍
└─ 喷顶棚涂料

(3)直接喷刷顶棚

└─ 混凝土楼面
└─ 水泥砂浆抹灰2-6mm
└─ 粘贴饰面板

(4)直接粘贴顶棚

图5-18 直接式天棚构造(单位:mm)

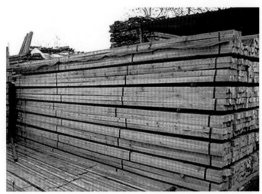

图5-19 成捆销售的木条是制作木龙骨的基层装饰材料

层面、饰面层四个部分组成。

吊杆主要由圆钢或扁钢制成，面积不大的吊顶也可用木材制作。吊杆上部与建筑板底连接，下部与龙骨连接。吊杆不仅有承受天棚荷载的作用，还具有调整空间高度的作用。龙骨底面连接基层板，基层板底面再喷（刷）、粘贴各类装饰面材。根据不同的装饰面层材料，也可直接将装饰面材安装于龙骨之上。天棚的龙骨一般采用木龙骨和轻钢龙骨、铝合金复合龙骨。

（1）木基层悬吊式天棚构造

木基层吊顶构造简单、易于加工、承载量大，但是防腐、防虫性能较差，所以在使用时必须进行处理。尤其是木材的阻燃性很差，要在其表面涂（刷）防火漆三遍。在吊顶装饰工程中，通常不大面积使用木基层，只在某些特殊场所或复杂的造型部位使用。木基层悬吊式天棚由吊杆、主龙骨、次龙骨、边龙骨和覆面板组成。

① 木龙骨基层材料应选用干燥的、质地较软的针叶木，如松木、杉木、柏木等。将木材加工成截面为正方形或矩形的木条，常见规格有30×40mm、40×40mm、40×60mm、50×70mm等。（图5-19）

② 木龙骨拼接以覆面板的尺寸模数或设计要求为依据，在木条上按间距画线并开凹形槽（图5-20），设计无要求时，龙骨的间距通常为300～500mm。然后按槽口与槽口相对拼装成木龙骨网格，并在槽口顶部或两边用铁钉固定，与覆面板连接的一面必须刨平（图5-21）。为提高工效，可先将木龙骨网格在地面拼装完成，然后再整体吊起安装。

③ 抄平弹线应注意标高线和样点位置线。

A. 标高线：找出室内的水平线，并用墨斗在墙面四周弹一圈水平墨线，作为吊顶的高度标准线。

B. 掉点位置线：弹出掉点位置线，吊杆的间距可根据木龙骨的大小以及上人或不上人的要求而定。对于平顶天花，其吊点一般是每平方米布置1个，在顶棚上均匀排布。对于有叠级造型的吊顶，应在分层交界处布置吊点，较大的灯具也应安排单独吊点来吊挂，吊点间距一般为800～1200mm。

此外，还应弹出天棚造型的位置线和大、中型灯具的位置线。

④ 安装吊杆和龙骨有多种方法将吊杆固定在建筑结构层上，用膨胀螺栓或高强射钉将角铁、角钢或钢板固定在建筑结构层上；在浇灌楼面或屋面板时，在吊杆布置位置的建筑楼

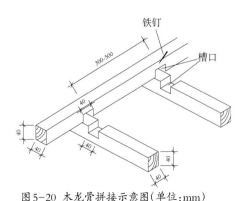

图5-20 木龙骨拼接示意图（单位：mm）

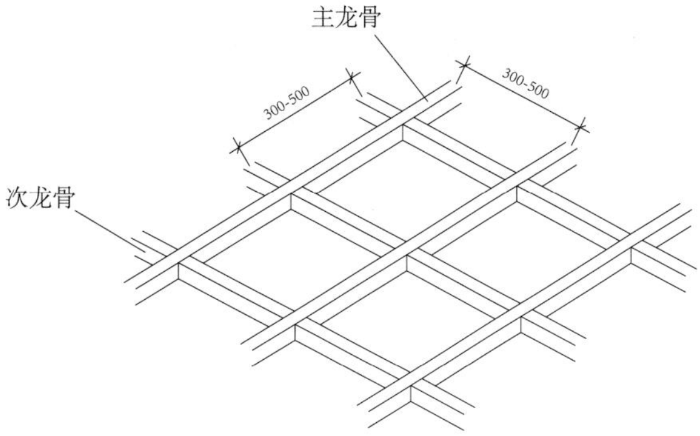

图5-21 木龙骨拼接示意图（单位：mm）

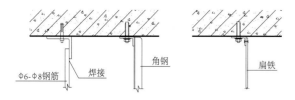

(1)膨胀螺栓连接

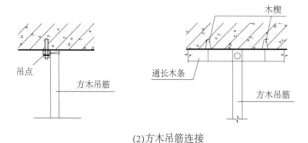

(2)方木吊筋连接

(3)预埋件连接

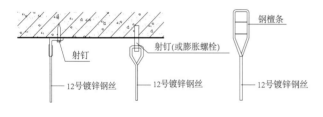

(4)镀锌钢丝连接

图5-22 吊杆的连接方式

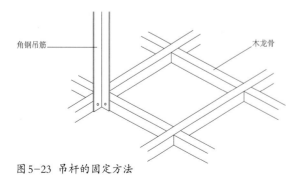

图5-23 吊杆的固定方法

板底预埋铁件；现浇楼板浇筑前或预制板灌缝前预埋钢筋（图5-22）。所有铁件表面应刷防锈漆。

吊杆与主龙骨的连接可采用主龙骨钻孔，吊杆下部套丝，穿过主龙骨用螺母紧固。吊杆的上部与吊杆固定件连接一般采用焊接，施焊前拉通线，所有丝杆下部找平后，上部再搭接焊牢。也可采用角钢固定件连接木龙骨。（图5-23）

木龙骨网格安装完毕后，须严格检查木龙骨的叠级处和吊灯处的荷载，有中、大型灯具和风扇的位置要做好预留孔洞及吊钩。当顶棚内有管道或电线穿过时，应预先安装管道及电线，然后再铺设面层。若管道有保温要求，应在完成管道保温工作后，才可封钉吊顶面层。最后拉对角交叉线，以检查木龙骨网格的标高及平整度是否符合设计要求。

⑤安装覆面材料：在木龙骨底面安装的覆面材料是各种板材，如木夹板、纸面石膏板等。在覆面板材正面，按龙骨网格结构弹线，以方便安装。同时应标出天棚的检查口、风口、灯孔、喷淋头以及其他应事先预留的设备位置。

根据覆面板材的不同，安装方法也有所不同。如可在木龙骨骨架表面刷乳白胶，同时用小铁钉或门型钉将胶合板按装订线铺钉于木龙骨架上，也可用自攻螺丝将石膏板安装订线固定在木龙骨上。值得注意的是，板与板之间应留2～5mm的伸缩缝，其处理方式一般有密缝、斜缝、立缝三种。（图5-24）

覆面板安装完毕，要检查板面是否有凹凸不平、翘边、钉裂及钉头

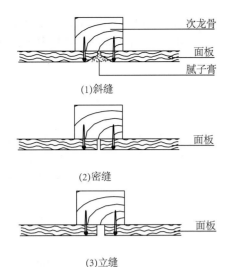

（1）斜缝

（2）密缝

（3）立缝

图5-24 吊顶基层覆面板材拼缝形式

未沉入板面表面等现象。检查完毕后,可对板缝及钉眼进行油性腻子处理,并用封边带粘贴覆盖在覆面板的接缝处,防止其开裂。最后,在板面满刮腻子膏2～4遍,打磨平整后喷涂面漆或者裱糊墙纸。另外,也可在基层板上粘贴其他饰面材料。待墙面的装修完成后,天棚与墙面的接缝可根据需要,用阴角线作收口处理。

（2）金属基层悬吊式天棚构造

金属基层吊顶,一般指轻质金属龙骨,包括轻钢龙骨和铝合金龙骨两类。常见的构造有:

①U型轻钢龙骨纸面石膏板吊顶:U型轻钢龙骨是采用断面为U形的龙骨系列,主要由主龙骨、次龙骨、主龙骨吊挂件、次龙骨吊挂件、水平支托件、连接件、吊杆等组成。按主龙骨断面尺寸分为上人吊顶龙骨和不上人吊顶龙骨。(图5-25、图5-26)

A. 弹线定位:根据设计要求的天棚标高,在墙面四周弹标高基准线。根据吊顶面的几何形状及尺寸大小,按上人或不上人的设计要求,确定主龙骨的布局方向,计算出承吊点数,同时在楼板结构层上弹线,确定吊杆及主龙骨的位置。上人天棚吊杆间距通常为800～1000mm;不上人天棚吊杆间距通常为900～1200mm。次龙骨与墙面的最大距离不得超过200mm,同时应根据设计要求,留出检修口、进风口、排风口、灯孔,必要时须增加横撑龙骨及吊杆。

B. 安装吊杆:轻钢龙骨的吊杆可以用成

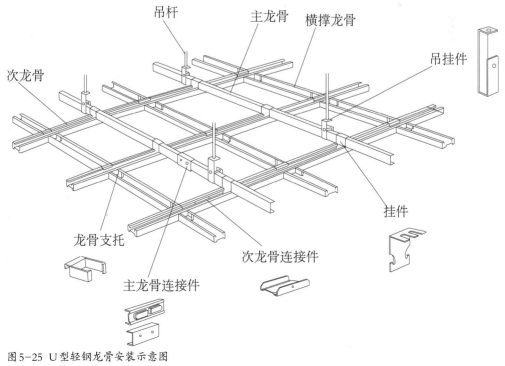

图5-25 U型轻钢龙骨安装示意图

图5-26 U型轻钢龙骨安装示意图

品的镀锌丝杆吊筋,也可以用冷拔钢筋或盘圆钢筋,但盘圆钢筋须用机械将其拉直。

常见的吊杆与楼面板或屋面板的连接固定有四种方式:

a. 用M8或M10膨胀螺栓将∟25×25×3或∟30×30×3角钢固定在建筑楼板底面上。

b. 用φ5以上的射钉将角钢或钢板等固定在建筑楼板底面上。

然后将吊杆的一端与角钢焊接,此两种方法不适宜上人吊顶。

c. 浇捣混凝土楼板时,在建筑楼板底面吊点的位置预埋铁件,用150×150×6钢板焊接4φ8锚爪,锚爪在板内锚固长度不小于200mm。

d. 在现浇板浇筑时或预制板灌缝时预埋φ8或φ10短钢筋,外露部分(露出板底)不小于150mm。

然后将吊杆的一端预埋件连接,此两种方法适宜上人吊顶。

当上人吊顶的吊杆长度小于1000mm时,使用φ8的吊杆。长度大于1000mm时,应使用φ10的吊杆,并设置反向支撑(图5-27、图5-28)。当不上人吊顶的吊杆长度小于1000mm,可以使用φ6的吊杆,如果大于1000mm,应使用φ8的吊杆,并设置反向支撑(图5-29、图-30)。

C. 安装龙骨

吊杆的一端连接建筑构造层,另一端与主龙骨连接。若使用非成品丝杆吊杆时,则吊杆连接龙骨的一端须用攻丝套出端部长度大于100mm的丝杆,制作的吊杆及焊点应作防锈处理。

主龙骨通过主龙骨吊挂件与吊杆连接,然后用次龙骨挂件把次龙骨扣牢于主龙骨之上,不得有松动、歪曲及不直之处。(图5-31)

上人吊顶的主龙骨间距通常为800～1000mm;不上人吊顶的主龙骨间距通常为900～1200mm。次龙骨的间距一般为400～600 mm。主龙骨的间距较大,为了使覆面板材安装牢固、不向下弯曲变形,往往需要在覆面

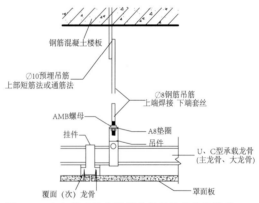

图5-27 上人吊顶吊点紧固方式及悬吊构造节点

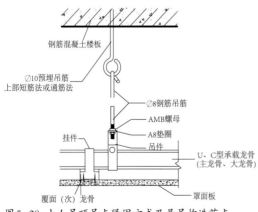

图5-28 上人吊顶吊点紧固方式及悬吊构造节点

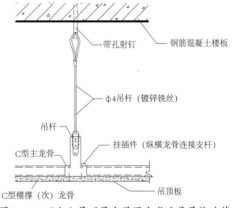

图5-29 不上人吊顶吊点紧固方式及悬吊构造节点

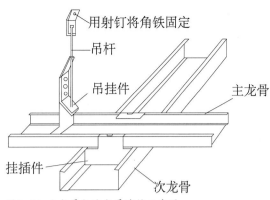

钢筋混凝土楼板

25*25*3角钢

膨胀铆螺栓或射钉

Φ4吊杆（镀锌铁丝）

吊杆

吊顶板

T型横撑（次龙骨）　　T型主龙骨

图5-30 不上人吊顶吊点紧固方式及悬吊构造节点

用射钉将角铁固定

吊杆

吊挂件

主龙骨

挂插件

次龙骨

图5-31 主龙骨与次龙骨连接示意图

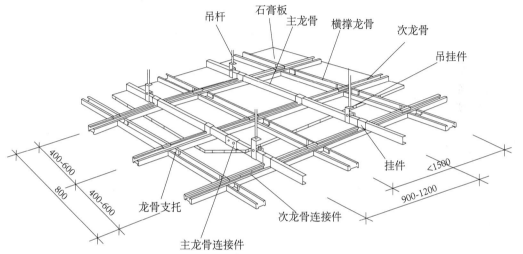

吊杆　石膏板　主龙骨　横撑龙骨　次龙骨

吊挂件

400-600

800

400-600

龙骨支托

主龙骨连接件

次龙骨连接件

挂件

<1500

900-1200

图5-32 U型轻钢龙骨纸面石膏板吊顶示意图（单位：mm）

板材拼接处，用次骨沿主龙骨的平行方向加装辅助龙骨，这个辅助龙骨叫作横撑龙骨。横撑龙骨垂直于次龙骨，用挂插件龙骨支托与次龙骨连接。（图5-32）

龙骨架安装完毕后，应检查主龙骨、次龙骨、吊挂件和连接件等之间的牢固度，特别应对上人龙骨进行多部位加载检查。校正主龙骨、次龙骨的位置和水平度，龙骨架应中间起拱，起拱高度不小于房间短向跨度的1/200～1/300。

D.安装纸面石膏板：以纸面石膏板的长边与主龙骨平行的方向，从吊顶的一端错缝排列安装，板与板之间应留有3～5mm的伸缩缝。用自攻螺钉将纸面石膏板固定在次龙骨上，螺钉中距150～200mm，钉头应略沉入板面，并对钉头作防锈处理，再用腻子膏抹平凹入的钉头部位。然后用刮刀将嵌缝腻子膏均匀、饱满地刮入纸面石膏板的伸缩缝内，等腻子膏充分干燥后再用接缝纸带粘贴密封。然后天棚满刮腻子灰3～4遍，最后打磨平整，喷（涂）面漆或者裱糊墙纸。天棚与墙面的交界处可用阴角线收口。（图5-33、图5-34）

②V型轻钢龙骨纸面石膏板吊顶：V型龙骨又叫V型卡式龙骨，是当今建筑内部天棚装修工程较普遍采用的一种吊顶基层材料。V型龙骨构造工艺简单，安装便捷。主龙骨与主龙骨、次龙骨与次龙骨、主龙骨与次龙骨均采用自接式连接方式，不需要任何连接附件（图5-35）。此外V型卡式龙骨吊顶的最大优点是在装配龙骨架的同时就可进行校平并安装纸面石膏板，因而节省施工时间，提高了工作效率。

A.弹线定位、安装吊杆与U型轻钢龙骨纸面石膏板吊顶构造相同。

B.安装主龙骨：将主龙骨顶部的孔套入

吊杆下端,拧紧螺帽,按3/1000的拱度校平。主龙骨和主龙骨端部接口处与吊杆的距离不大于200mm,否则应增设吊杆。主龙骨的安装间距一般为900~1200mm,起止端部离承吊点最大距离不大于300mm。

C. 安装次龙骨:根据墙面的标高基准线,沿四周墙面安装边龙骨,然后将次龙骨直接卡入主龙骨的卡口内。次龙骨的安装间距一般为400~600mm,与墙面的最大距离不超过200mm,同时应按设计要求留出检查口、冷暖风口、排风口、灯孔,必要时须增加横撑龙骨及吊杆。(图5-36~图5-38)

D. 安装纸面石膏板:V型轻钢龙骨的校正、安装纸面石膏板、嵌缝刮腻子灰和U型轻钢龙骨纸面石膏板吊顶构造相同。

③ T型铝合金龙骨矿棉吸声板吊顶:铝合金龙骨矿棉装饰吸声板吊顶在公共空间装饰中的应用最为广泛,其中T型、LT型铝合金龙骨最为常见,它由主龙骨、次龙骨、边龙骨、连接件、吊杆组成,为不上人龙骨。铝合金龙骨具有质量轻、尺寸精确度高、构造形式灵活多样,施工便捷等优点。矿棉板吊顶龙骨的安置形式多样,但其构造做法基本相同。(图5-39~图5-41)

A. 弹线定位:在墙面四周确定标高线和龙骨、吊杆布置分格线,根据矿棉板的尺寸计算出承吊点数及主龙骨、吊杆的间隔距离。

B. 安装吊杆:将膨胀螺栓预埋在楼板结构层内并与吊杆连接,吊杆下端套丝后与吊挂件连接。吊杆使用$\varphi6~\varphi8$的钢筋,间距为900~1200mm。

C. 固定边龙骨:沿墙面四周水平标高线安装边龙骨,边龙骨起支撑面板和边缘封口的作用。

D. 安装主龙骨:主龙骨与吊杆下端的吊挂件连接,应略高于墙面水平标高线,并作临

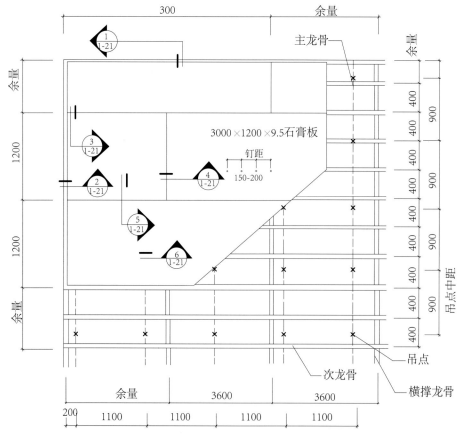

图5-33 轻钢龙骨纸面石膏板安装示意图(单位:mm)

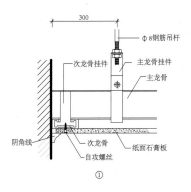

①

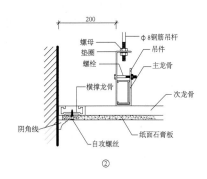

②

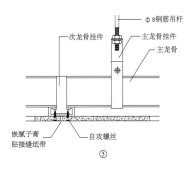

③

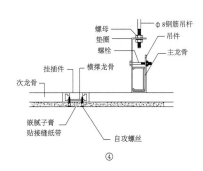

④

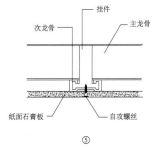

⑤

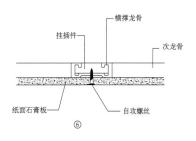

⑥

图5-34 安装纸面石膏板节点示意图(单位:mm)

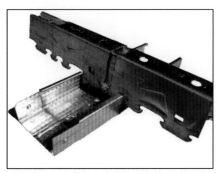

图5-35 主龙骨与主龙骨、主龙骨与次龙骨的连接不需要连接附件

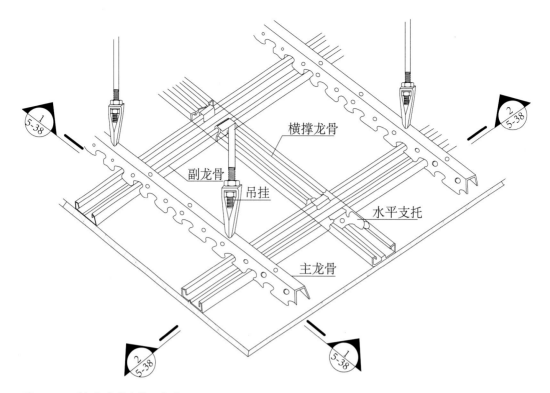

图 5-36 V型轻钢龙骨安装示意图

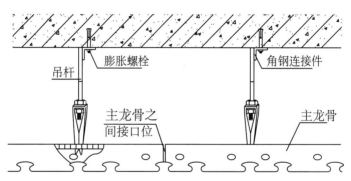

图 5-37 V型轻钢龙骨的主龙骨连接方法

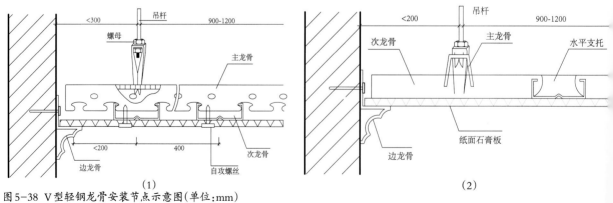

图 5-38 V型轻钢龙骨安装节点示意图(单位:mm)

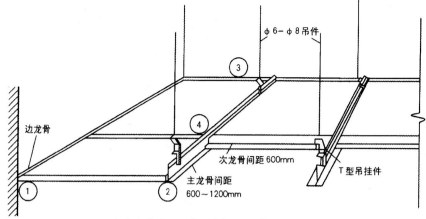

图5-39 T型、LT型铝合金龙骨吊顶示意图(单位:mm)

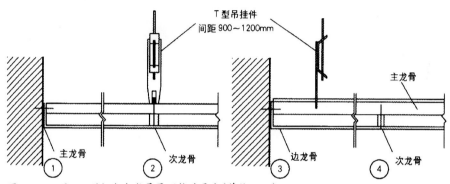

图5-40 T型、LT型铝合金龙骨吊顶构造要点(单位:mm)

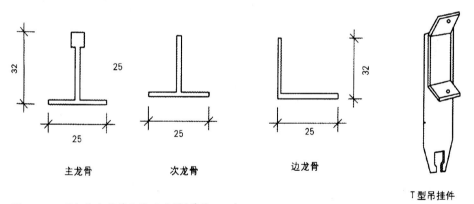

图5-41 T形铝合金龙骨配件示意图(单位:mm)

时固定,同时紧固螺栓。

E. 安装次龙骨:次龙骨安装在主龙骨之间并连接牢固。次龙骨应定位准确,与主龙骨垂直,紧贴主龙骨。安装时按设计要求留出灯孔、排风口、冷暖风口等设备的位置,并应在设备四周增加横支撑与吊杆。安装主龙骨与次龙骨时,应在龙骨下方设置水平控制线,保证龙骨架的平整度。

F. 龙骨架检查校平:龙骨架安装完毕后,检查主龙骨、次龙骨、吊挂件、连接件等之间的牢固度,校正主龙骨、次龙骨的位置和水平度,保证龙骨架达到设计所需的要求。

G. 安装矿棉板:矿棉板根据其边口构造形式,有直接平放法(明架龙骨吊顶)、企口嵌

装法(暗架龙骨吊顶或半暗架龙骨吊顶)、粘贴法三种安装形式。(图5-42~图5-44)

　　a. 直接平放法(明架龙骨)是直接将矿棉板搁置在T型龙骨架上,操作简单,拆换方便。

　　b. 企口嵌装(暗架龙骨)是将矿棉板四边的企口,对准龙骨架的边缘,逐一插入龙骨架中,板与板之间用龙骨插片连接。(图5-45)

　　c. 粘贴法是在矿棉板背面涂胶粘剂,再平

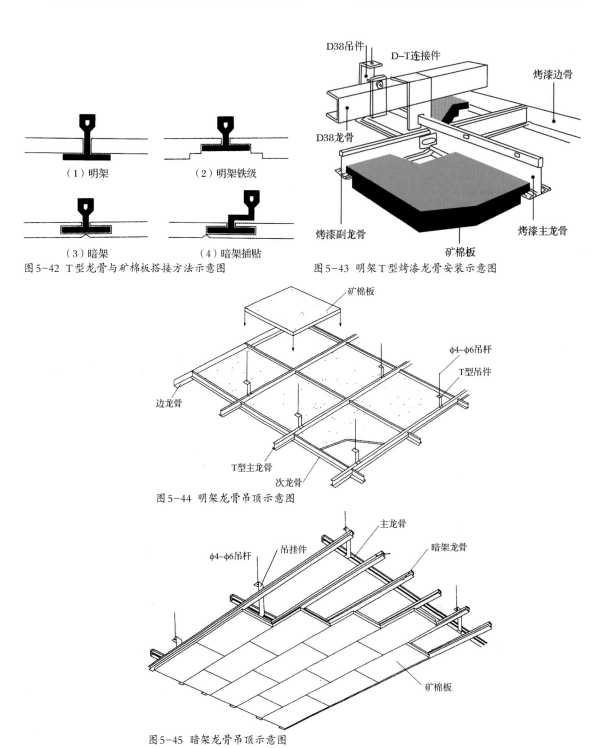

（1）明架　　　　　（2）明架铁级

（3）暗架　　　　　（4）暗架插贴

图5-42　T型龙骨与矿棉板搭接方法示意图

图5-43　明架T型烤漆龙骨安装示意图

图5-44　明架龙骨吊顶示意图

图5-45　暗架龙骨吊顶示意图

贴于石膏板上,同时用直钉或门型钉在板面或边口加以固定。(图5-46)

矿棉板搁置安放时,需留有板材安装缝,每边缝隙不宜大于1mm,缝与缝之间必须十分平直,板缝接头必须一致。安装完成后,吊顶面应十分平整。整个吊顶表面允许的平整偏差度一般不大于2mm。

3. 其他天棚的装饰材料及基本构造

（1）装饰网架天棚

装饰网架天棚多采用不锈钢管、铜合金管等材料制作而成。具有造型简洁新颖、结构精巧、通透感强等特点。（图5-47）

装饰网架一般不是承重网架,所以构件的组合形式可根据装饰要求来设计布置。杆件之间连接采用与承重结构网架相类似的节点球连接或直接焊接。

（2）发光天棚

发光天棚饰面层采用透光软膜、彩绘玻璃、有机灯光片等透光材料制成。其特点是整体透亮,采光均匀,减少压抑感,且彩绘玻璃图案丰富、装饰效果强（图5-48、图5-49）。但大面积使用时,会造成耗能较多,且技术含量较高,占据较多的空间高度。发光天棚要求光线透射均匀,避免天棚上产生光源的投影。发光天棚的构造要点为:

① 透光饰面材料固定:一般采用搁置、螺钉、承托、粘贴等方式与龙骨连接。

② 天棚骨架布置:为了分别支承面板和灯座,骨架必须设置两层,上下层之间采用吊杆连接。

③ 天棚骨架与主体结构连接:将上层骨架用吊杆与主体结构连接,构造方法同一般吊顶。

（3）软质天棚

软质天棚通常采用绢纱、布幔等织物或充气薄膜来装饰天棚。其特点是

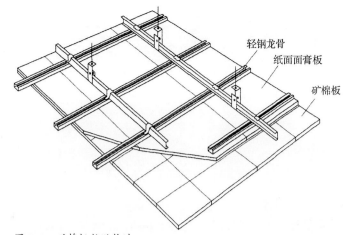

轻钢龙骨
纸面面膏板
矿棉板

图5-46 矿棉板粘贴构造

图5-47 装饰网架天棚

图5-48 发光天棚

室内设计

图 5-49　发光天棚

图 5-50　用织物营造韵律感极强的天棚

可自由改变形状,风格多变,可营造各种环境气氛,装饰效果丰富(图 5-50)。软质天棚的构造要点为:

　　① 天棚造型的控制:造型设计以自然流线型为主。

　　② 织物或薄膜的选用:一般选用具有防火、耐腐蚀、强度较高的织物薄膜。

　　③ 悬挂固定:可在建筑物的楼盖下或侧墙上设置活动夹具,以便于拆装。需要经常改变形

状的天棚,要设置轨道,以便移动夹具,改变造型。

4. 天棚特殊部位的装饰材料及基本构造

（1）天棚边缘的构造处理

　　天棚的边缘大多数时候与墙体交接,天棚边缘与墙体的固定因不同的吊顶形式而有所不同。通常采用在墙内预埋铁件或螺栓、射钉连接、预埋木砖、龙骨端部伸入墙体等构造方法来固定天棚与墙面。端部的造型处理有直角、斜角、凹角等形式。直角时要用压条处理,压条有木制和金属两种。

（2）跌级天棚的高低交接构造处理

　　跌级天棚的构造处理主要是指高低交接处的构造处理和天棚的整体刚度。天棚跌级有限定空间、丰富造型、设置照明、空调风口、音响等设备的作用。常用附加龙骨、龙骨搭接或龙骨悬挑等构造方法。

（3）天棚检修孔及检修走道的构造处理

　　检修孔的设置,要求检修方便、隐蔽性较强,并保证天棚完整。设置方式有活动板检修口、灯罩检修口(图 5-51)。对于较大的空间,一般设置两个以上的检修孔,检修孔的位置应尽量隐蔽。

　　检修走道的设置要尽量靠近灯具等需维修的设施。有主走道、次走道和简易走道三种设置形式。检修走道必须设置在大龙骨上,并增加大龙骨及吊点,以利用承重。

（4）灯具、通风口、扬声器与天棚的连接构造

　　灯具、通风口、扬声器有的悬挂在天棚下,有的嵌入天棚内,其构造处理有所不同。

　　灯具、通风口、扬声器的构造要求设置附加龙骨或孔洞边框,对超重灯具及有振动的设备应专设龙骨及吊挂件,灯具与扬声器、灯具与通风口可结合设置。

嵌入式灯具及通风口、扬声器等要按其位置和外形尺寸设置龙骨边框，用于安装灯具及加强天棚局部荷载，外形要尽量与周围的面板装饰形成统一的整体。(图5-52～图5-54)

（5）天棚反光灯槽构造处理

反光灯槽的造型和光线可以丰富天棚的层次，营造特殊的空间效果，其形式丰富多样。设计时要考虑到反光灯槽到天棚的距离和视线保护角，控制灯槽挑出长度与灯槽到天棚距离的比值，同时还要注意避免出现暗影。(图5-55)

第二节 地面装饰材料及基本构造

一、概述

楼地面是指建筑物首层、地下层及各楼层地面的总称，它是人在室内空间中一切活动的依托，是人接触最频繁的室内空间界面。它不仅承受着建筑物的荷载，而且具有划分室内空间、引导空间方向、保障安全等作用。

1. 建筑楼地面构造组成

底层地面的基本构造层次分为面层、垫层和基层（地基）；楼层地面的基本构造层次为面层、基层（楼板）。面层的主要作用是满足使用要求，基层的主要作用是承担面层传来的荷

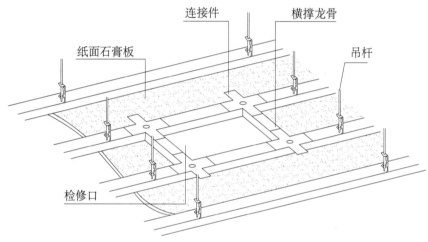

图5-51 检修口构造示意图

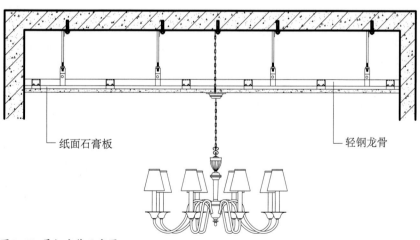

图5-52 吊灯安装示意图

室内设计

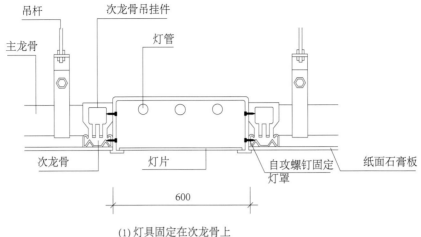

次龙骨　　　　灯片　　　　　　　　自攻螺钉固定　　纸面石膏板
　　　　　　　　　　　　　　　　　　灯罩

600

(1) 灯具固定在次龙骨上

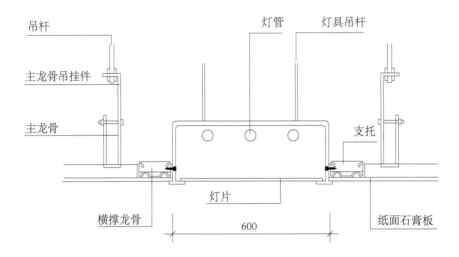

(2) 灯具悬挂在楼板上

图 5-53 吸顶灯安装示意图

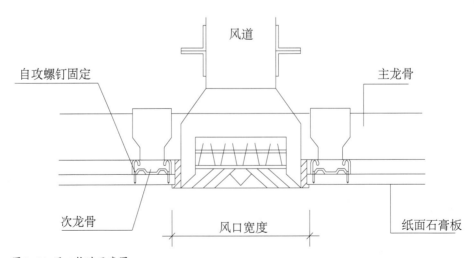

图 5-54 风口构造示意图

载。为满足找平、结合、防水、防潮、隔声、弹性、保温隔热、管线敷设等功能的要求，往往还要在基层与面层之间增加若干中间层。(图5-56)

2. 建筑楼地面的功能要求

为满足人们的使用的需求,楼地面在建筑中主要起到分隔空间、加强和保护结构层以及防水、防潮、防渗、隔声、保温、找坡等作用。因为楼地面在人的视线范围内所占比例比较大,并与人、家具、设备等直接接触,承受着各种荷载,起到一定的物理和化学作用,因此,必须具备以下特征:

（1）安全性

安全性是指楼地面面层使用时防滑、防火、防潮、耐腐蚀、电绝缘性好等。

（2）耐久性

耐久性是由室内的楼面面层使用状况和材料特性来决定的。楼地面面层应当不易被磨损、破坏、表面平整、不起尘,其耐久性国际通用标准一般为10年。

（3）舒适性

舒适感是指楼地面面层应具备一定的弹性、蓄热系数及隔声、降噪性。

（4）装饰性

装饰性是指楼地面面层的色彩、图案、质感必须配合建筑的使用功能、室内的空间形态、室内的陈设设计、室内的交通流线等因素,综合来满足人们的审美要求。

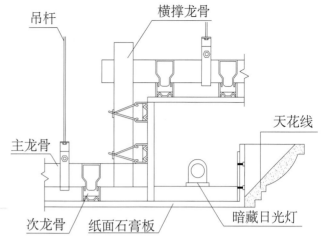

(1) 轻钢龙骨基层做法

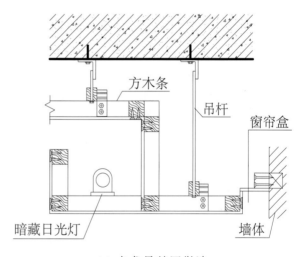

(2) 木龙骨基层做法

图5-55 反光灯槽构造示意图

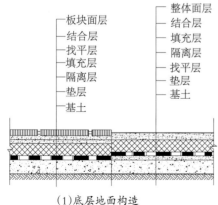

（1）底层地面构造

图5-56 楼地面构造示意图

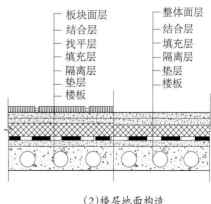

（2）楼层地面构造

3. 室内楼地面的分类

地面材料多指建筑物内部和周围地表的铺筑层，也指楼层表面的铺筑层（楼面）装饰材料，常见的有：水泥砂浆、天然石材、水磨石、陶瓷砖、木地板、塑胶地板、地毯等材料。

室内楼地面的种类很多，分为天然石材、人造板材、实木地板、复合木地板、陶瓷地砖、纤维织物类（化纤地毯、纯毛地毯、橡胶绒地毯）、塑料制品类（塑料地板、塑料卷材地板）以及地面涂料。

室内楼地面还可以从不同的角度进行分类：

（1）按面层材料分类

常见有水泥砂浆楼地面，细石混凝土楼地面，水磨石楼地面，涂料楼地面，塑料楼地面，橡胶楼地面，花岗岩，大理石楼地面，地砖楼地面，木楼地面，地毯楼地面等。

（2）按使用功能分类

常见有防火楼地面、防静电楼地面、低温辐射热水采暖楼地面、防腐蚀楼地面、种植土（绿化）楼地面、综合布线楼地面等。

（3）按装饰效果分类

常见有美术楼地面、拼花楼地面等。

（4）按构造方法和施工工艺分类

常见有整体式楼地面、板块式楼地面、竹木楼地面。

二、整体式楼地面的装饰材料及基本构造

整体式楼地面是指按室内设计的要求选用不同材质，配合相应的比例，经施工现场整体浇筑而成的楼地面面层。整体式楼地面的面层没有接缝，通过一定的加工处理，它可以获得更丰富的装饰效果，而且造价也不高。常见的有水泥砂浆楼地面、现浇水磨石楼地面、涂布楼地面、细石混凝土楼地面等。

1. 水泥砂浆楼地面

水泥、沙子和水的混合物叫水泥砂浆。水泥砂浆在建筑工程中有两个作用，一是基础和墙体砌筑，用来作为块状砌体材料的粘合剂，如红砖需要用水泥砂浆来粘接砌筑；二是用于室内外抹灰。

通常所说的1:3水泥砂浆是用1份水泥和3份砂配合，实际上忽视了水的成分，一般在0.6左右比例，即应成为0.6:1:3。水泥砂浆在使用时，经常要掺入一些添加剂（比如微沫剂、防水粉等），以改善它的和易性与粘稠度。水泥砂浆里按比例加入石子，就成为混凝土。

（1）水泥砂浆饰面的特点

水泥砂浆楼地面的优点是构造简单，易施工，造价低；缺点是热导率大，易起灰、起砂，气候潮湿时，易产生凝结水。

（2）水泥砂浆面层材料

水泥砂浆面层材料由水泥和沙子配合而成，其中水泥应采用标号不低于425的硅酸盐水泥、普通硅酸盐水泥，砂子采用中砂或粗砂，过8mm孔径筛。严禁把不同品种、不同标号的水泥进行混用。

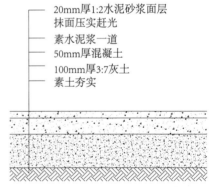

　20mm厚1:2水泥砂浆面层
　抹面压实赶光
　素水泥浆一道
　50mm厚混凝土
　100mm厚3:7灰土
　素土夯实

图5-57　水泥砂浆楼地面基本构造示意图（单位：mm）

表5-1　水泥砂浆地面构造做法

构造层次	做法	说明
面层	20mm厚1:2.5水泥砂浆	设计如分格应在平面图中绘出分格线。
结合层	刷水泥浆一道（内掺建筑胶）	
垫层	50mm厚C10混凝土垫层、粒径5～32mm卵石灌M2.5混合砂浆振捣密实，或100mm厚3:7灰土	
基土	素土夯实	

表5-2 水泥砂浆楼面构造做法

构造层次	做法	说明
面层	20mm厚1:2.5水泥砂浆	各种不同填充层的厚度应适应不同暗管敷设的需要。暗管敷设时应以细石混凝土满包卧牢。
结合层	刷水泥浆1道(内掺建筑胶)	
填充层	60mm厚1:6水泥焦渣层或CL7.5轻集料混凝土	
楼板	现浇钢筋混凝土楼板或预制楼板现浇叠合层	

表5-3 浴、厕等房间水泥砂浆楼地面构造做法

构造层次	做法	说明
面层	15mm厚1:2.5水泥砂浆	1. 聚氨酯防水层表面撒粘适量细沙。 2. 防水层在墙柱交接处翻起高度不小于250mm。 3. 防水层可以采用其他新型的防水层做法。 4. 括号内为地面构造做法。
防水层	35mm厚C15细石混凝土 1.5mm厚聚氨酯防水层2道	
找坡层	1:3水泥砂浆或C20细石混凝土最薄处20mm厚抹平	
结合层	刷水泥浆1道	
楼板 (垫层)	现浇钢筋混凝土楼板 (粒径5~32mm卵石灌M2.5混合砂浆振捣密实或 100mm厚3:7灰土)	
(基土)	(素土夯实)	

(3)水泥砂浆楼地面基本构造

如图5-57,其做法见表5-1～表5-3。

(4)水泥砂浆楼地面工艺流程

① 基层处理:垫层上的一切浮灰、油渍、杂质必须清理干净,表面较光滑的基层应凿毛,并用清水冲洗干净,冲洗后的基层最好不要上人。

② 弹面层线:根据+50cm水平标准线在地面及四周相邻房间的墙面上弹出楼(地)面水平标高线,且与门框上锯口线吻合;先在四周做出灰饼,并用尼龙线按两边灰饼做出中间灰饼,用长木杠按间距1.5m做好标筋。

③ 坡度、地漏:有坡度、地漏的房间,应找出不小于5%的坡度,地漏标筋应做成放射状,以保证流水坡向。

④ 水泥砂浆:应拌合均匀,砂浆配合比不低于1(水泥):2(砂),拌成的砂浆以手捏成团稍出浆为准。

⑤ 铺灰:在标筋中间铺砂浆。铺抹时应先在基层上均匀刮素水泥浆一道,随刮随铺灰随拍实,用短木杠根据灰饼或冲筋刮平,用木抹子搓平,再用铁抹子抹压。

⑥ 抹压:用铁抹子抹压三遍。

⑦ 分格:在水泥初凝后弹分格线,用劈缝溜子压缝。其缝格宽度、深浅应一致,线条应顺直。

⑧ 养护:水泥砂浆面层压光1昼夜后,应在常温湿润的条件下养护,可覆盖草包或锯末且保持覆盖物湿润,养护时间不少于7昼夜,养护期间不得上人或使用。

2. 现浇水磨石楼地面

水磨石是以水泥、混凝土等原料,将白云石、花岗石、大理石等岩石石粒,嵌入水泥混合物中锻压而成的一种复合地面材料,根据所用石屑的色彩、粒径、形状、级配不同,可构成不同色彩、纹理的图案(图5-58、图5-59)。因其低廉的造价和良好的使用性能,水磨石在全国公共建筑中广泛地采用,据国家相关部门的统计资料表明,多使用于医院、政府机关、学校、商业场所、机场、车站码头等。

(1)现浇水磨石饰面的特点

现浇水磨石饰面的特点是现场浇筑,面层平整平滑,整体性好,坚固耐磨,现场湿作业较多,具有色彩丰富、图案组合多种多样的饰面

图5-58 现浇水磨石地面

图5-59 现浇水磨石地面

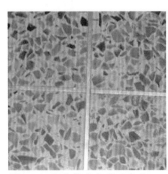

图5-60 铜分格条水磨石地面

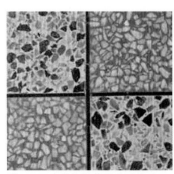

图5-61 玻璃分格条水磨石地面

效果。此外还具有防水、耐腐蚀、易于清洁等优点，常用于公共建筑中人流较大的空间。

（2）现浇水磨石楼地面常用材料

① 水泥：宜采用标号不小于425的硅酸盐水泥、普通硅酸盐水泥和矿渣硅酸盐水泥；对于白色或浅色面层，应采用白水泥。严禁不同型号水泥进行混用。

② 石粒：水磨石楼地面的装饰效果是受石粒的色彩、粒径、形状、级配的直接影响，所以石粒的选用须配合楼地面的使用位置、施工机具设备、装饰艺术效果来综合考虑。水磨石楼地面不宜采用硬度过高的石英岩、刚玉、长石等，而应采用坚硬可磨的花岗岩、大理石、白云石等岩石加工而成，石粒应洁净，无泥沙、杂物。除设计有特殊要求外，石渣的粒径一般为6～15mm，最大粒径比水磨石面层厚小1～2mm，常用的石粒粒径为8mm。

③ 颜料：水泥中掺入的颜料应采用耐光、耐碱的矿物颜料，其掺入量宜为水泥重量的3％～6％，或由试验确定。同一色彩面层应使用同厂、同批的颜料。常用的颜料有氧化铁红（俗称铁红）、氧化铁黄（俗称铁黄）、镉黄、铬绿、氧化铁黑、碳黑等。

④ 分格条：现浇水磨石的分格条有铜条、铝条、玻璃条、塑料条等。常用的为铜条和玻璃条。（图5-60、图5-61）分格条要求平直、厚度均匀，也可制作成弧形的图案。分格条的长度以分格尺寸定，宽度根据面层的厚度而定，厚度一般为1～3mm，其中铜条、铝条为1～2mm厚，玻璃条为3mm厚。

（3）现浇水磨石楼地面基本构造如图5-62

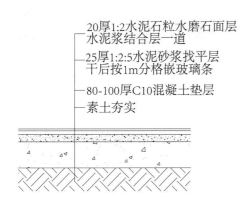

(1)地面构造

图5-62 现浇水磨石楼地面基本构造示意图

（4）现浇水磨石楼地面工艺流程

① 基层处理：检查基层的平整度和标高，铲除突起的水泥浆，清除落地灰、杂物和油污等。

② 找平：在基层上，一般用20mm厚1:3水泥砂浆找平。当有预埋管或要求设防水层时，应采用不小于30mm厚的1:2.5水泥砂浆找平。

③ 设置分格条：在铺设水磨石面层前，应在找平层上按设计要求的分格或图案来设置分格条。分格条应满足平直、牢固、接头严密的要求。水磨石地面分格的作用是将地面划分成面积较小的区格，目的是为了减少开裂的可能性，分格条形成的图案同时给地面增添了装饰性，而且便于维修。

④ 抹面层石碴浆：先用10～15mm厚1:3水泥砂浆打底、找平，按设计图采用素水泥砂浆固定分格条（图5-63），再用水泥石碴浆抹面。水泥石碴浆面层应采用体积比为1:1.5～1:2.5（水泥石粒）的拌合料，面层随石粒粒径大小而变化，保证水泥浆充分包裹石粒。石粒的最大粒径应比面层厚度小1～2mm。拌合料应拌合均匀、平整地铺设在找平层上，铺设前应在找平层表面涂刷与面层颜色相同的水泥浆结合层，其水灰比宜为0.4:1～0.5:1，也可以在水泥浆内掺加胶粘剂，随刷随铺。拌合料面应高出分格条2mm并拍平，滚压密实。

⑤ 磨光、补浆、打蜡、养护：待面层硬结后采用磨石机分遍磨光，然后补浆、补脱落石粒、养护。最后用草酸清洗，打蜡保护。

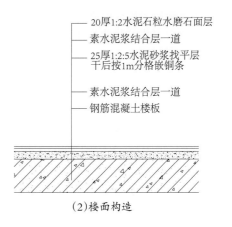

(2)楼面构造

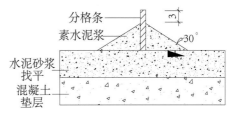

图5-63　分格条固定示意图

3. 涂布楼地面

涂布楼地面主要是用合成树脂代替水泥或部分水泥，加入填料、颜料等混合调制而成的材料，再加以涂布施工，硬化以后形成整体无接缝的地面。它的突出特点是无接缝，易于清洁，并具有施工简便、工效高、更新方便、造价低等优点。

（1）涂布楼地面的类型

涂布楼地面根据胶凝材料可以分为两大类，一类是单纯的合成树脂为胶凝材料的溶剂型合成树脂涂布材料，如环氧树脂涂布地面、不饱和聚酯涂布地面、聚氨酯涂布地面等。另一类是以水溶性树脂或乳液，与水泥复合组成胶凝材料的聚合物水泥涂布地面，如聚醋酸乙烯乳液涂布地面、聚乙烯醇甲醛胶涂布地面等。前一类具有耐磨性、耐腐性、抗渗性、弹韧性、整体性等优点，但价格偏高，施工较复杂，适用于对卫生或耐腐蚀要求较高的空间，如实验室、医院手术室，食品加工厂等；后一类地面的耐水性优于单纯的同类聚合物涂布地面，同时枯结性、抗冲击性也优于水泥涂料，且价格便宜，施工方便，适用于一般要求的地面，如教室、办公室等。

（2）涂布楼地面基本构造

如图5-64，其做法见表5-4、表5-5。

（3）涂布楼地面工艺流程

不同的地面涂料有不同的施工工序，但主要工序基本相同。

涂布楼地面一般采用涂刮方式施工，故对基层要求较高，基层必须平整光洁并充分干燥。基层的处理方法是清除浮砂、浮灰及油污，地面含水率控制在6%以下（采用水溶性涂布材料者可略高）。为了保证面层质量，基层还应进行封闭处理，一般根据面层涂饰材料配调腻子，将基层孔洞及凹凸不平的地方填嵌平整，而后在基层满刮腻子若干遍，干后用砂纸打磨平整，清扫干净。面层根据涂饰材料及使用要求，涂刷若干遍面漆，层与层之间前后间隔时间应以前一层面漆干透为准，并进行相应处理。面层厚度均匀，不宜过厚或过薄，控制在1.5mm左右。

三、块材式楼地面的装饰材料及基本构造

块材式楼地面是指用陶瓷地砖、陶瓷锦砖、水泥砖、预制水磨石板、大理石板、花岗石板等板材铺砌的地面。块材式楼地面目前应用十分广泛，它们的优点是花色品种多样，可按设

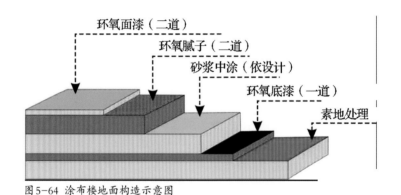

图5-64 涂布楼地面构造示意图

表5-4 涂布楼地面构造做法

构造层次	做法	说明
面层	20mm厚1:2:5水泥砂浆，表面涂丙烯酸地面板涂层（1.2mm厚环氧涂料或聚氨酯涂层）	水泥砂浆面层必须平整、光洁、充分干燥。水泥砂浆面层需经刮腻子若干遍，干后打磨平整等工序后涂涂料。
结合层	刷水泥浆1道（内掺建筑胶）	
垫层	50mm厚C10混凝土垫层粒径5～32mm卵石灌M2.5混合砂浆振捣密实或100mm厚3:7灰土	
基土	素土夯实	

表5-5 涂布楼地面构造做法

构造层次	做法	说明
面层	4～5mm厚自流平环氧砂浆，环氧稀胶泥1道（或5～7mm厚聚酯砂浆）	水泥砂浆面层必须平整、光洁、充分干燥。水泥砂浆面层需经刮腻子若干遍，干后打磨平整等工序后涂涂料。
结合层	50mm厚C30细石混凝土，随打随抹光，强度达标后进行表面打磨或喷砂处理，刷水泥浆1道（内掺建筑胶）	
填充层	60mm厚1:6水泥焦渣填充层	
楼板	现浇钢筋混凝土	

计要求拼做成各种图案（图5-65、图5-66），并且耐磨、防水、便于清洁，施工速度快，湿作业量少；缺点是对板材的尺寸与色泽要求高，弹性、保温性、消声性都较差，造价偏高。

1. 块材式楼地面基本构造

如图5-67，各层构造要点如下：

（1）基层处理

清扫基层，使其无灰渣，并刷一道素水泥浆以增加其粘结力。

（2）铺设结合层

结合层又是找平层，其具体做法是：用体积比为1:2（水泥:砂子）的干硬性水泥砂浆找平，找平铺灰厚度为10～15mm。

（3）面层铺贴

首先进行试铺。试铺的目的有四点：

① 检查板面标高是否与建筑设计标高相吻合。

② 砂浆面层是否平整或达到规定的泛水坡度。

③ 调整块材的纹理和色彩，避免过大色差。

④ 检查块材尺寸是否一致，并调整板缝（板缝处理形式有密缝和离缝两种）。正式铺贴前，在干硬性水泥砂浆上浇一层0.5mm厚素水泥浆。

（4）细部处理

细部处理包括板缝修饰，贴踢脚板，磨光打蜡养护。

图5-65 变化万千的地面拼花

图5-66 变化万千的地面拼花

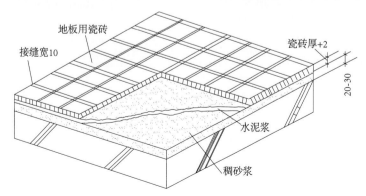

图5-67 块材式楼地面构造层次示意图

图5-68 玻化砖地面

图5-69 玻化砖地面

2. 块材式楼地面的常用装饰材料及基本构造

（1）陶瓷砖

陶瓷砖是由粘土和其他无机非金属原料，经成型、烧结等工艺生产的板状或块状陶瓷制品，用于装饰与保护建筑物、构筑物的墙面和地面。通常通过干压、挤压或其他方法成型，然后干燥，在一定温度下烧成。陶瓷地砖是粗炻类建筑陶瓷制品，其背面有凹凸条纹，便于镶贴时增强面砖与基层的粘结力。

陶瓷砖是主要铺地材料之一，它的特点是质坚、容重小、耐压耐磨、能防潮、易清洗、色彩图案多，装饰效果好，多用于公共建筑和民用建筑的地面和楼面。陶瓷地砖的种类及尺寸规格、花色品种较多，可供选择的余地很大。

① 陶瓷砖的类型一般从三个方面进行划分。

A. 地砖按釉面状况分有釉地砖和无釉地砖两种。有釉地砖主要用于卫生间、厨房的地面装饰，与内墙砖配套使用。

B. 按材质可分为釉面砖、通体砖（防滑砖）、抛光砖、玻化砖等。

C. 按吸水率可分为五大类，即瓷质砖、炻瓷砖、细炻砖、炻质砖、陶质砖。

吸水率大于10%的称"陶瓷砖"，市场上一般称"内墙砖"，广泛用于住宅、宾馆饭店、公共场所等建筑物的墙面装饰，是室内装修的主要产品。吸水率小于0.5%的称"瓷质砖"，也就是通常所说的"玻化砖"，玻化砖是以优质的瓷土为原料，在高温下，使砖中的熔融成分呈玻璃状态，具有玻璃般的亮丽质感的一种高级铺地砖，也称之为"全瓷玻化砖"（图5-68、图5-69）。广泛用于各类建筑物的地面装饰，也是室内装修的主要产品。玻化砖强度高、吸水率低、耐磨防滑、耐酸碱，不含对人体有害的放射性元素。常应用于各类高级商务大楼工程的地面装饰，同时也适用于民用住宅的室内地面装饰，是一种中高档的装饰材料。

② 陶瓷地砖楼地面构造如图5-70，其做法见表5-6。

表5-6 陶瓷地砖楼地面构造做法

构造层次	做法	说明
面层	8～10mm厚陶瓷地砖，干水泥擦缝	1. 地砖规格品种、颜色及缝宽均按设计要求 2. 括号内为地面构造做法
结合层	20mm厚1:3干硬性水泥砂浆结合层，表面撒水泥粉	
填充层（结合层）	60mm厚CL7.5轻集料混凝土或1:6水泥焦渣填充层（水泥浆一道）	
楼板垫层	现浇钢筋混凝土楼板（60mm厚C10混凝土垫层）	
基土	（素土夯实）	

③ 下面对陶瓷地砖楼地面的工艺流程进行介绍。

A. 基层处理：检查基层质量，对于有缺损、空鼓、起壳、泛砂等问题应做必要的处理。

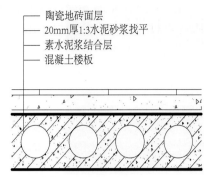

图5-70 陶瓷地砖构造示意图

浮浆应凿除、油污应刷净、杂物应扫净。旧房重新装修应将原装饰层全部清除。在水泥浆结合层上铺贴瓷砖时,基层表面应粗糙、湿润、干净,并不得有积水。在预制混凝土楼板铺设时,应在已压光的板面上(凿划)毛,凿毛深度为5~10mm,间距为30mm左右。

B. 弹线冲筋:标高基准线应弹画在墙面距基层500mm处。做灰饼、冲灰筋应根据标高线进行,灰筋的上表面应为地砖的底面标高。若有地漏的房间筋条应朝地漏方向放坡,坡度一般为1%~2%。在地面上弹出与门成直角的基准线,弹线应从门口开始,以保证进口处为整砖,非整砖置于边角或家具下面,弹线应弹出纵横定位控制线。

C. 洒水湿润基层:洒水湿润基层的作用是调整基层含水量,使水泥砂浆找平层硬化时有足够的水分润泽。洒水适量,不应产生积水。刷素水泥浆结合层是为了加强基层与找平层之间的黏结。素水泥浆的水灰比为2:1,可加入适量的(如水重量约20%)建筑胶,以增强黏结力。涂刷后应立即进行找平层的施工。

D. 铺设找平层:找平层应采用干硬性水泥砂浆,灰砂比例为1:2.5。干硬程度以手捏成团后落地开花为标准。铺灰后以灰筋条为标准刮平、拍实、搓毛。施工应从里向外进行,完成后放置24小时方可上人进行下道工序。

E. 铺贴地砖:首先要剔除不合格和有缺陷的材料。用水浸泡地砖避免水泥黏结层因失水过快导致黏结力和强度降低,湿润程度以水不再冒气泡为止,且不少于2小时。

在房间中心弹画十字线检查房间的方正,测量房间的几何尺寸,并根据十字线进行排砖,排砖时要注意考虑墙柱、洞口等因素,非整砖应置于边角处,砖缝应与踢脚线或墙面砖对应。

拌和水泥浆时,水泥浆的干湿程度应适宜,以不流淌为准。可按水重量的20%掺入建筑胶以增加黏结力。

铺贴前,找平层应洒水湿润,水泥黏结层应抹满,厚度以6mm为宜。铺贴时砖面应略高于标高控制线,放置平稳后在砖面上垫方木,并用木槌或橡皮锤敲击拍实,至砖缝中溢出水泥浆即可。锤击地砖应垫木块,以防止面砖破损。先根据十字控制线纵横各铺一条作为标准,铺贴顺序应遵循先里后外,先大面后边角的原则。

F. 修整:在铺贴的过程中应拉线检查缝隙是否顺直,用靠尺检查表面是否平整,若发现问题应及时修整。

G. 填缝:铺贴完成2天后再进行检查修整。先灌稀水泥浆,再撒干水泥,稍干后用棉纱反复揉擦,将缝隙填满,溢出表面的水泥浆应用湿布抹拭干净。也可用与地砖相同颜色的勾缝剂进行勾缝处理。

H. 养护:覆盖草袋或塑料薄膜并洒水进行养护。养护时间1~2天,养护期内不能上人。最后可进行打蜡、抛光处理。

(2)陶瓷锦砖

陶瓷锦砖俗称马赛克,是采用优质瓷土烧制而成。(图5-71)可上釉或不上釉。陶瓷锦砖的规格较小,直接粘贴很困难,故出厂前已将其按各种图案反贴于牛皮纸上(正面与纸相粘),故又俗称"纸皮砖",所形成的一张张的产品,称为"联"。陶瓷锦砖每联大小约300mm见方,可拼贴成变化多端的拼花图案,施工时将每联纸面向上,用长木板压面,使之粘贴平实,待砂浆硬化后洗去皮纸,联与联可连续铺粘形成连续图案饰面。

陶瓷锦砖以瓷化好、吸水率小、抗冻性能强为特色而成为外墙装饰的重要材料。特别是有釉和磨光制品以其晶莹、细腻的质感,更加提高了无污染能力和材料的高贵感。适用于公共建筑及居住建筑的浴室、卫生间、阳台等处。

 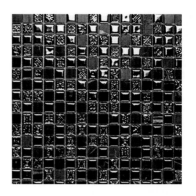

图5-71 陶瓷锦砖

① 陶瓷锦砖的构造如图5-72,其做法见表5-7。

② 陶瓷锦砖的工艺流程:基层处理、抹找平层或结合层、弹线冲筋与地砖构造相同。将1:1水泥砂浆(可掺入适量乳胶液)抹入一"联"锦砖非贴纸面,在找平层上通贴一行锦砖作基准板,再从基准板的两边进行大面积铺贴。铺贴时应随时用水平尺控制锦砖表面的平整度,并调整锦砖之间的缝隙,缝与缝之间应平整、光滑、无空鼓。铺贴完毕初凝后,洒水湿润牛皮纸,养护至充分凝固(12小时左右),揭去面纸。锦砖完全凝固后,用软布包白水泥干粉填缝,也可根据锦砖的颜色,选择相应的彩色填缝剂进行抹缝。养护1~2天,养护期间可在锦砖表面洒水数次,增加粘结度。

(3)天然装饰石材

大理石、花岗石、石灰岩是从天然岩体中开采出来的,经过加工成块材或板材,再经过粗磨、细磨、抛光、打蜡等工序,就可以加工成各种不同质感的高级装饰材料。板材厚度一般15～30mm,长宽规格各异。

① 大理石是商品名称,并非岩石学定义,大理石是天然建筑装饰石材的一大门类,它是由云南大理市点苍山所产的具有鲜艳色泽与花纹的石材而得名。一般指具有装饰功能,可以加工成建筑石材或工艺品的已变质或未变质的碳酸盐岩类。大理石泛指大理岩、石灰岩、白云岩以及碳酸盐岩经不同蚀变形成的夕

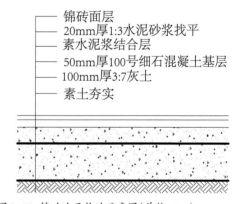

锦砖面层
20mm厚1:3水泥砂浆找平
素水泥浆结合层
50mm厚100号细石混凝土基层
100mm厚3:7灰土
素土夯实

图5-72 锦砖地面构造示意图(单位:mm)

表5-7 卫生间、浴室等房间陶瓷锦砖楼地面构造做法

构造层次	做法	说明
面层	5mm厚陶瓷锦砖铺实拍平,干水泥擦缝	1. 陶瓷锦砖的规格、品种、颜色及缝宽设计均见工程设计 2. 聚氨酯防水层表面撒适量细沙,以增加结合层与防水层的粘结力,防水层在墙柱交接处翻起高度不小于250mm 3. 防水层可以采用其他新型的防水层做法 4. 括号内为地面构造做法
结合层	30mm厚1:3干硬性水泥砂浆结合层,表面撒水泥粉	
防水层	聚氨酯防水层1.5mm厚	
找坡层	1:3水泥砂浆或细石混凝土找坡层最薄处20mm厚,抹平	
填充层(垫层)	60mm厚CL7.5轻集料混凝土或1:6水泥焦渣填充层(水泥浆1道,60mm厚C10混凝土垫层,粒径5～32mm卵石灌M2.5混合砂浆振捣密实或150mm厚3:7灰土)	
楼板	现浇钢筋混凝土	

卡岩等。大理石主要用于加工成各种板材、型材,作建筑物的墙面、地面、台、柱等,是家具装饰的珍贵材料。同时也常用于纪念性建筑物(如碑、塔、雕像等)的建筑材料。大理石的质感柔和、格调高雅、美观庄重、花色繁多,是装饰豪华建筑的理想材料。(图5-73)

天然大理石板材及异型材是室内及家具制作的重要材料。天然大理石花纹品种繁多、色泽鲜艳,具有质地组织细密、坚实,抛光后光洁如镜等优点;其缺点是硬度较低,如果用大理石铺设地面,磨光面容易损坏,其耐用年限短且抗风化能力差,除个别品种(如汉白玉、艾叶青等)外,一般不宜用于室外装饰。主要用于室内饰面,如墙面、地面、柱面、吧台立面与台面、服务台立面与台面、高级卫生间的洗漱台面以及造型面等等。

②天然花岗石是火成岩,也叫酸性结晶深成岩,是火成岩中分布最广的一种岩石,属于硬石材,由长石、石英和云母组成。其成分以二氧化硅为主,约占65%~75%。花岗石的品质决定于矿物成分和结构,品质优良的花岗石,结晶颗粒细而均匀,云母含量少而石英较多,并且不含黄铁矿。花岗石构造致密、强度高、密度大、吸水率极低、质地坚硬、耐磨,属酸性硬石材。花岗石不易风化变质,外观色泽可保持百年以上,因此多用于建筑装修工程。(图5-74)

建筑装修工程上所指的花岗石是以花岗岩为代表的一类装饰石材,包括各类以石英、长石为主要成分的组成矿物,并含有少量的云母和暗色矿物的岩浆岩和花岗质的变质岩,如花岗岩、辉绿岩、辉长岩、玄武岩、橄榄岩等。从外观特征上看,花岗石常呈整体均粒状结构,称为花岗结构。花岗岩装饰板材主要用作建筑室内外饰面材料,以及重要的大型建筑物基础、踏步、栏杆、路面、街边石等;也可用于服务台、收银台、展示台、吧台以及家具等装饰上。还可根据不同的使用场合选择

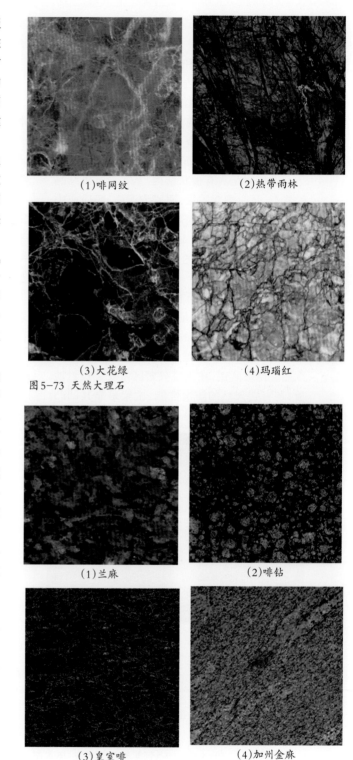

(1)啡网纹　　(2)热带雨林

(3)大花绿　　(4)玛瑙红

图5-73　天然大理石

(1)兰麻　　(2)啡钻

(3)皇室啡　　(4)加州金麻

图5-74　天然花岗石

不同物理性能及表面装饰效果的花岗岩。磨光花岗岩板材的装饰特点是华丽而庄重,粗面

花岗岩板材的装饰特点是凝重而粗犷。

天然花岗岩也有一些缺点,一是花岗岩的硬度大,这会给开采和加工造成困难;二是重量大,用于房屋建筑内会增加荷载;三是花岗岩质脆,耐火性差,当温度超过800℃时,由于花岗岩中所含石英的晶态转变,造成体积膨胀,从而导致石材爆裂,失去强度;四是某些花岗岩含有微量放射性元素,对人体有害。

③板岩是具有板状结构,基本没有重结晶的岩石,是一种变质岩,原岩为泥质、粉质或中性凝灰岩,沿板理方向可以剥成薄片。板岩的颜色随其所含有的杂质不同而变化,含铁的为红色或黄色;含碳质的为黑色或灰色;含钙的遇盐酸会起泡,因此一般以其颜色命名分类,如灰绿色板岩、黑色板岩等。(图5-75)

板岩的优点首先是美观大方,板岩独特的表面提供了丰富多样的造型和色彩,而所有这些都是自然天成的,增加了板岩砖的美感;其次是它持久耐用,在人流频繁区常安装板岩地板;还有它天然的防滑性能,主要是靠其凹凸不平的表面。缺点是如果养护不充分,板岩很容易褪色。

④大理石、花岗石楼地面构造做法如图5-76,其做法见表5-8。

⑤下面对石材楼地面工艺的流程进行讲解。

A.清理基层:检查基层质量,清理修补基层。旧房原地面应全部凿除。清除掉基层浮浆、杂物、油污,并冲洗干净,晾干。

B.试拼:根据房间的形状、尺寸的大小和石材的特性确定铺贴方法以及门洞、边角处石材的摆法。根据石材的花纹、颜色试拼,并按两个方向进行编号。半块板应对称置于墙边,色差较大的石材应置放在边角处。

C.弹线:正十字位置线弹在基层上,检查房间的方正并据此确定石材的摆放方向。水平标高线弹画在墙壁上,距离基层面500mm,以此确定面层的标高以及相邻房间地面高度的关系。

D.试排:天然石材的颜色、纹理、厚薄不

图5-75 天然板岩

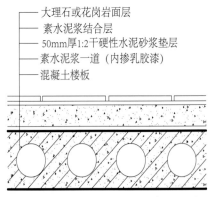

—— 大理石或花岗岩面层
—— 素水泥浆结合层
—— 50mm厚1:2干硬性水泥砂浆垫层
—— 素水泥浆一道(内掺乳胶漆)
—— 混凝土楼板

图5-76 石材楼面构造示意图(单位:mm)

表5-8 大理石、花岗石楼地面构造做法

构造层次	做法	说明
面层	磨光花岗石板(或磨光大理石板)水泥浆擦缝	1. 磨光花岗石板按表面加工不同分有:镜面、光面、粗磨面、麻面、条纹面等;其规格颜色及分缝频发均见工程设计。 2. 石材的放射性应符合现行行业标准《天然石材产品放射防护分类控制标准》(JSC518-1993)的规定;括号内为地面构造做法。
结合层	20mm厚1:3干硬性水泥砂浆结合层,表面撒水泥粉。	
填充层 (结合层)	50mm厚CL7.5轻集料混凝土或1:6水泥焦渣填充层 (水泥浆一道)	
楼板 (垫层)	现浇钢筋混凝土楼板 (60mm厚C10混凝土垫层)	
(基土)	(素土夯实)	

完全一致,因此在铺装前,应根据施工图进行选板、试拼、编号,以保证板与板之间的色彩、纹理协调自然。

E. 刷素水泥浆:素水泥浆掺水重量20%的建筑胶,以增加黏结力。先拌匀后刷,涂刷要均匀,严禁直接在基层上浇水、撒干水泥进行"扫浆"。刷浆后应立即铺设水泥砂浆结合层。

F. 铺贴:铺贴前应将石材浸水湿润以免黏结层失水过快降低黏结强度,铺贴时擦干表面水分。然后将石材依控制线安置在结合层上,用橡皮锤垫木方敲击并用水平尺找平。铺砌顺序为:从十字线交点处先纵横各铺设一行,再分块依次进行,一般宜先里后外、先大后面后边角,逐步退至门口。铺贴时应严格按试拼编号进行,尽量减小缝隙宽度,当设计无规定时一般不应大于1mm。

G. 灌缝、擦浆:应在铺砌完成2天后进行。灌缝水泥浆可用白水泥掺加与石材颜色相近的颜料搅拌,水灰比例为1:1。灌浆应饱满,直至水泥浆溢出为止。擦缝应于灌浆完成1~2小时后进行,多余的板面水泥浆要用棉纱擦拭干净。

H. 养护、打蜡:地面施工完成后要用湿草袋或塑料薄膜覆盖并进行洒水养护。养护期不应少于7天,养护期间不宜上人踩动。打蜡应在交工前进行,人工打蜡可用麻布蘸上熔化的石蜡在板面反复擦磨直至表面光滑亮洁。

四、木质楼地面的装饰材料及基本构造

木质楼地面一般是指楼地面表面由木板铺钉,或硬质木块胶合而成的地面。木质地面常用于高级住宅、宾馆、剧院舞台等室内楼地面。它的优点是环保,纹理及色泽自然美观,具有较好的装饰效果;有弹性,人在木地面上行走有舒适感;自重轻,吸热指数小,具有良好的保温隔热性能;不起尘,易清洁。缺点是耐火性、耐久性较差;潮湿环境下易腐朽;易产生裂缝和翘曲变形;造价较高。(图5-77)

图5-77 室内木地板地面

1. 木质楼地面的面层材料选用及要求

木质楼地面的类型已从单一的普通木质地板发展为多材质、多品种、多形式的装饰木地面。木地面按材质分有软木类地面、硬木类地面;按品种分有复合类木板地面、强化类木板地面、实木类地面;按形式分有条形类木板地面、拼花类木板地面;按构造技术分有架空式木地面、实铺式木地面、粘贴式木地面。所有木质类地面,都有各自的特点,应根据具体情况选择和使用,而现代室内装饰装修中以实木地板、实木复合地板、强化复合地板、竹地板地面最为常见。

(1)实木地板

实木地板是天然木材经过烘干、加工后形

图5-78 条木地板

成的地面装饰材料。能呈现出天然原木纹理和色彩图案，质感柔和、色泽自然，具有冬暖夏凉、触感好的特性。实木的装饰风格朴实亲和，质感自然，更具亲和力。(图5-78)

（2）实木复合地板

实木复合地板是由不同树种的板材交错层压而成，在一定程度上克服了实木地板湿胀干缩的缺点。实木复合地板干缩湿胀率较小，具有较好的尺寸稳定性，并且保留了实木地板的自然纹理和舒适的感觉。实木复合地板兼具实木地板的美观性和强化地板的稳定性，而且更具环保性。(图5-79、图5-80)

实木复合地板不仅有较理想的硬度、耐磨性、抗刮性，而且阻燃、光滑，便于清洗。其弹性、保温性等也完全不亚于实木地板。它具有实木地板的各种优点，摒弃了强化复合地板的不足，又节约了大量自然资源。

（3）强化复合地板

强化复合地板由耐磨层、装饰层、基层、平衡层四部分组成。具有耐磨、阻燃、防潮、不变形、防虫蛀、易清理且安装方便等优点。强化复合地板花纹美丽、色彩丰富、造型别致、色泽均匀，具有别具一格的效果(图5-81)。但其弹性不足，尽管有防潮层，但也不宜用于易受潮的场所。

（4）竹地板

竹地板是将竹材放置于高温、高湿、高压的环境中，使竹材中的有机物(糖、淀粉、蛋白质)分解变性，竹纤维经高温、高压后焦化变色，所以又叫碳化竹地板。竹地板板面光洁平滑，外观呈现自然竹纹，色泽高雅美观。同时，竹地板具有防潮、防腐、稳定、冬暖夏凉、富有弹性及经久耐用的优点。此外，竹地板还能弥补木地板易损变形的缺点。(图5-82)

2. 木质楼地面基层材料

基层的主要作用是承托和固定面层。基层可分为水泥砂浆(或混凝土)基层和木基层。水泥砂浆(或混凝土)基层，一般多用于粘贴式木地面。常用水泥砂浆配合比为1:2.5～1:3，混凝土强度等级一般为C10～C15。

木基层有架空式和实铺式两种，由木搁栅(龙骨)、剪刀撑、垫木、沿游木和毛地板等部分组成。一般选用松木和杉木等材料。

木质楼地面粘结材料(胶粘剂)的主要作

图5-79 实木复合地板

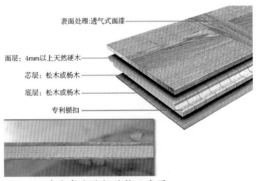

表面处理:透气式面漆
面层:4mm以上天然硬木
芯层:松木或杨木
底层:松木或杨木
专利锁扣

图5-80 实木复合地板结构示意图

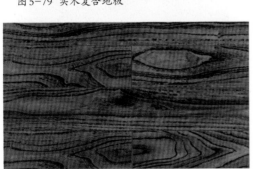

图5-81 强化复合地板

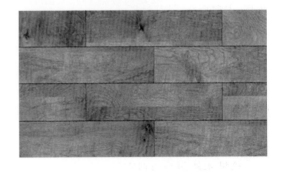

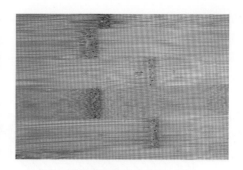

图5-82 竹地板

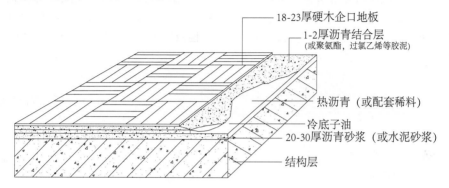

18-23厚硬木企口地板
1-2厚沥青结合层
（或聚氨酯，过氯乙烯等胶泥）
热沥青（或配套稀料）
冷底子油
20-30厚沥青砂浆（或水泥砂浆）
结构层

图5-83 粘贴式木楼地面构造示意图（单位：mm）

用是将木地板条直接粘结在水泥砂浆或混凝土基层上，目前应用较多的粘贴剂有：氯丁橡胶型、环氧树脂型、合成橡胶溶剂、石油沥青、聚氨酯及聚醋酸乙烯乳液等。具体的选用，应根据面层及基层材料、使用条件、施工条件等综合确定。

3.木质楼地面基本构造

木质地面有四种构造形式：

（1）粘贴式木楼地面

这种木地面是在钢筋混凝土楼板上或底层地面的素混凝土垫层上做找平层，再用粘结材料将各种木板直接粘贴在找平层上而成（如图5-83）。这种做法构造简单、造价较低且功效高，占空高小，但弹性较差。

（2）架空式木楼地面

这种木楼地面主要是用于因使用要求弹性好或面层与基底距离较大的空间。通过地垄墙、砖墩或钢木支架的支撑来架空（如图5-84）。其优点是木地板富有弹性、脚感舒适、隔声、防潮。缺点是施工较复杂、造价高。

（3）实铺式木楼地面

这种木地面是直接在基层的找平层上固

定木搁栅，然后将木地板铺钉在木搁栅上（图5-85、图5-86）。这种做法具有架空木地板的大部分优点，而且施工较简单，所以应用较为广泛。

（4）组装式木楼地面

组装式木楼地面指木地板是浮铺式安装在基层上，即木地板和基层之间不需要连接，

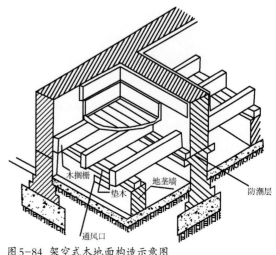

木搁栅　地垄墙　垫木　防潮层　通风口

图5-84 架空式木地面构造示意图

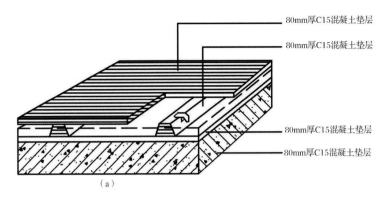

（a）

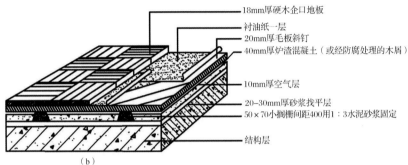

18mm厚硬木企口地板
衬油纸一层
20mm厚毛板斜钉
40mm厚炉渣混凝土（或经防腐处理的木屑）
10mm厚空气层
20~30mm厚砂浆找平层
50×70小搁栅间距400用1:3水泥砂浆固定
结构层

（b）

图5-85 实铺式木楼地面构造示意图（单位：mm）

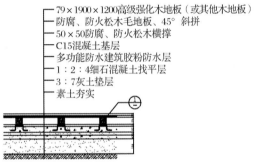

79×1900×1200高级强化木地板（或其他木地板）
防腐、防火松木毛地板、45°斜拼
50×50防腐、防火松木横撑
C15混凝土基层
多功能防水建筑胶粉防水层
1:2:4细石混凝土找平层
3:7灰土垫层
素土夯实

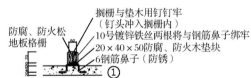

搁栅与垫木用钉钉牢
（钉头冲入搁栅内）
10号镀锌铁丝两根将与钢筋鼻子绑牢
20×40×50防腐、防火木垫块
6钢筋鼻子（防锈）

防腐、防火松
地板格栅

图5-86 实铺式木楼地面构造示意图（单位：mm）

板块之间只需用防水胶粘结，施工方便（图5-87）。目前常见的组装式木楼地面采用复合木地板（强化木地板）。复合木地板的基材一般是高密度板，该板既有原木地板的天然木感，又有地砖大理石的坚硬，安装无须木搁栅，不用上漆、打蜡保养，常用于办公用房和住宅的楼地面。

目前的房屋建筑中较广泛采用的是实铺式和组装式木楼地面，其中实铺式木楼地面用于实木地板和实木复合地板的铺贴，组装式木楼地面可用于各种木地板的铺贴。

4. 实铺式木楼地面工艺流程

（1）清理基层

检查基层平整情况，必要时用自流平水泥砂浆找平。浮浆应凿除、杂物应扫除、油污应刷净。

（2）确定标高

在墙面距基层500mm处弹出标高控制线。木地板的构造厚度一般不宜超过50mm，否则会造成与其他形式地面的差距太大。木地板面层的标高由地板构造厚度、使用要求和相邻房间的标高情况确定。木地板与其他形式的地面高差不宜大于15~20mm。

（3）安装木龙骨

木龙骨一般选用针叶林木材，如柏木、杉木等。木龙骨铺设前应该进行防腐、防虫处理。防腐可涂刷水柏油，防虫可使用杀虫剂或者天然樟脑丸。木龙骨的间距应根据面层板的长度决定，一般面层板长应为龙骨间距的整倍数，且龙骨的中心距离不宜大于310mm。木

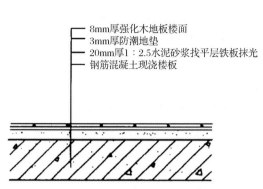

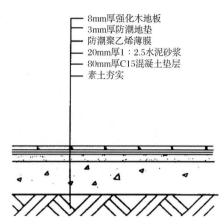

图5-87 组装式木楼地面做法示意图(单位:mm)

龙骨的铺设方向应与面层板的铺设方向相垂直。木龙骨采用地板钉与安装在基层中的木楔钉固定。木楔的安装应弹线进行,其间距不应超过250mm。木龙骨固定前应检查标高是否准确,并用水平尺检查水平度,如有误差应采用木垫片进行调整。

(4)安装基层板

木地板与龙骨之间可铺设基层板,其作用是可增加厚实感和减小地板的空洞声,基层板间隙不应大于3mm,与墙壁应留8~10 mm伸缩缝。用钉子将基层板与龙骨呈30°或45°斜向钉牢,钉距不应大于龙骨间距,且钉长应为木地板厚度的2.5倍。

(5)安装面层板

实木地板安装前应先选取合格的材料。铺设时,木地板的方向应和房门的出入口方向一致。实木面层板与基层之间应先铺一层薄塑胶垫,以此消除层间空隙,防止产生声响和遭受底面潮气的侵蚀。实木复合地板安装前先在基层板上铺一层胶垫,胶垫展开方向应与面层板铺设方向垂直,接缝处要用胶带密封。实木面层板板间接缝应严密。实木面层板应在侧面用地板钉与木龙骨或基层板斜向固定,每块板固定点不宜少于2处。面层板与墙壁之间应留有8~10mm的伸缩缝,面层板的短向接头应交错布置。

(6)磨光、油漆

实木地板安装后应先细刨一遍后再用磨光机打磨光滑。刨磨的总厚度不宜超过1.5mm,刨磨后表面不应留有刨痕。实木地板磨光后放置一段时间待胀缩稳定后再涂上油漆。

现在的成品实木地板在出厂前都已做过面层油漆,所以安装完成后只需打蜡养护,无须再进行其他的面层处理。

五、软质制品楼地面的装饰材料及基本构造

常见的软质制品地面材料有塑料地板楼地面、地毯楼地面、橡胶楼地面等。

1.塑料地板楼地面

塑料地板是指用聚氯乙烯或其他树脂作为饰面材料,也叫PVC地板,主要成分是聚氯乙烯材料。PVC地板可以做成两种:一种是同质透心的,即是从底到面的花纹材质都是一样的。另一种是复合式的,就是最上面一层是纯PVC透明层,底层加上印花层和发泡层。

塑料地面具有耐腐、绝缘、绝热、防滑、美观、质轻、易清洁、施工简便、造价较低等优点。缺点是不耐高温、怕明火、易老化,不适宜人流较为密集的公共场所。

塑料地板的种类很多。按结构可分为单层塑料地板、双层复合塑料地板、多层复合塑料地板;按产品形状可分为块状塑料地板和卷状塑料地板;按材质可分为硬质塑料地板、软质塑料地板、半硬质塑料地板;按树脂性质可分为聚氯乙烯塑料地板、氯乙烯塑料地板和聚丙烯塑料地板。目前盛行的有塑胶地板、彩色

石英地板、EVA豪华地板等，属中档装饰材料。

（1）塑料地板楼地面基本构造。

塑料板楼地面构造做法见表5-9。

表5-9　塑料板面层楼地面构造做法

结构层次	做法	说明
面层	塑料板（8~15mm厚EVA，1.6~3.2mm厚彩色石英），用专用胶粘贴	1.防潮层可采用其他防潮材料 2.括号内为地面构造做法
找平层	20mm厚1:2.5水泥砂浆，压实抹光	
防潮层	1.5mm厚聚氨酯防潮层2道	
找坡层	1:3水泥砂浆学金找坡层，最厚处20mm抹平	
结合层	水泥浆1道	
填充层（垫层）	60mm厚1:6水泥焦渣填充层（60mm厚C10混凝土垫层）	
楼板（垫层）	现浇钢筋混凝土楼板（粒径5~32卵石灌M2.5混合砂浆振捣密实或150mm厚3:7灰土）	
基土	素土夯实	

（2）塑料地板楼地面工艺流程

① 基层处理：塑料地板基层一般为水泥砂浆地面，基层应坚实、平稳、清洁和干燥，表面如有麻面、凹坑，应用108胶水泥腻子（水泥:108胶水:水=1:0.75:4）修补平稳。

② 铺贴：塑料卷材要求根据房间尺寸定位裁切，裁切时应在纵向上留有0.5%的收缩余量（考虑卷材切割下来后会有一定的收缩）。切好后在平整的地面上静置3~5天，使其充分收缩后再进行裁边。粘贴时先卷起一半粘贴，然后再粘贴另一半。（图5-88）

2. 地毯楼地面

地毯是用棉、麻、丝、毛、草等天然纤维或化学合成纤维类原料，经手工或机械进行编结、裁绒或纺织而成的地面铺敷物。地毯具有美观、舒适、富有弹性、保温、吸声、隔声、防滑、施工和更新方便等特点。

地毯按材料可分为纯毛地毯、混纺地毯、化纤地毯、塑料地毯等；按加工工艺可分为机织地毯、手织地毯、簇绒编织地毯和无纺地毯。（图5-89）

纯毛地毯具有柔软、温暖、舒适、豪华、富有弹性等优点，缺点是易虫蛀霉变，且价格昂贵。化纤地毯耐磨、耐霉、耐燃、颜色丰富、毯面柔软强韧，且价格较低、资源丰富，他具有纯毛地毯的所有优点，而没有纯毛地毯的所有缺点，因此被广泛应用。各种场所地毯的选用可参照表5-10。

（1）地毯楼地面基本构造

地毯的铺设分为满铺和局部铺设两种；铺设方式有固定和不固定两种。地毯固定铺设的方法又分为两种，一种是胶粘剂固定法，另一种是倒刺板固定法。胶粘剂固定法用于单层地毯，倒刺板固定法用于有衬垫地毯（图5-90）。不固定铺设是将地毯浮搁在基层上，不需将地毯与基层固定。

局铺地毯一般采用活动式，若采用固定式，则可以用胶粘剂固定或四周用铜钉固定。

(a)	(b)

图5-88　塑料地板铺贴示意图

（1）机织圈蓉地毯
图5-89　机织地毯

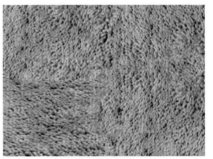

（2）机织剪绒地毯

表 5-10 常用地毯适用场所

名称	断面形状	适用场所
高簇绒		居室、客房
低簇绒		公共场所
粗毛高簇绒		居室或公共场所
粗毛低簇绒		居室或公共场所
一般圈绒		公共场所
高低圈绒		公共场所
圈绒、簇绒组合式		居室或公共场所
切绒		居室、客房

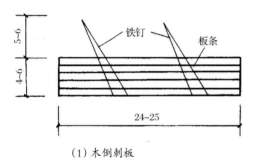

（1）木倒刺板

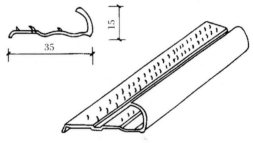

（2）铝合金倒刺条

图 5-90 倒刺板、倒刺条示意图

地毯在楼梯踏步转角处需用铜质防滑条和铜质压毡杆进行固定处理。(图 5-91)

（2）满铺地毯楼地面工艺流程

① 基层处理：地毯铺设对基层要求不高，主要是要求平整，底层地面基层应做防潮层。

② 裁剪地毯：根据房间尺寸和形状弹线裁剪，用裁边机从长卷上裁下地毯，每段地毯的长度要比房间长度长约 20mm，宽度要以裁出地板边缘后的尺寸计算。

③ 钉倒刺板和门口压条：采用倒刺板固定地毯时，应沿房间四周靠墙脚 10～20m 处，将倒刺板固定于基层上。在门口，为了不使地毯被踢起来和边缘受损，同时达到美观的效果，常用铝合金压条固定，门口压条内有倒刺扣牢地毯。倒刺板和压条可用钉条、螺钉、射钉固定在基层上。

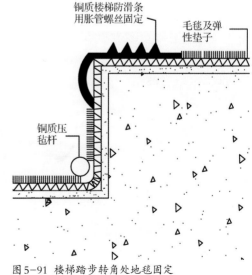

图 5-91 楼梯踏步转角处地毯固定

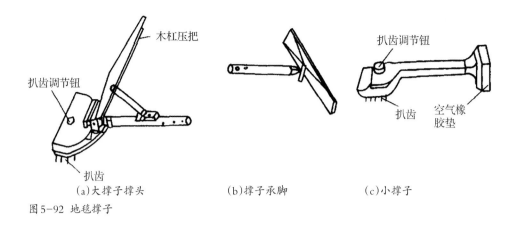

木杠压把

扒齿调节钮

扒齿

(a)大撑子撑头

扒齿调节钮

扒齿　空气橡胶垫

(b)撑子承脚

(c)小撑子

图5-92 地毯撑子

④ 接缝处理：地毯是背面接缝，接缝时将地毯翻过来，使两条缝平接，用线缝合后，刷白胶，贴上牛皮胶纸，缝线应结实，线脚不必太密。

⑤ 铺接工艺：用地毯撑子(图5-92)将地毯在纵横方向逐段推移伸展，使之拉紧，平伏地面，以保证地毯在使用过程中遇到一定的推力而不隆起。张紧后，地毯四周应挂在卡条上或用铝合金条固定。

⑥ 修整、清理：地毯全部铺完后，用剪刀裁去多余部分，并用扁铲将边缘塞入卡条和墙壁之间的缝中，用吸尘器吸去灰尘。

第三节　墙面的装饰材料及基本构造

墙面是空间的重要组成部分，是空间垂直分隔的主要限定要素。随着现代建筑的发展，墙面装饰材料已经成为建筑装饰中不可或缺的一部分。墙面装饰材料对空间环境的影响很大，设计时应注重其实用性、经济性和装饰性。墙面装饰分为外墙装饰和内墙装饰，外墙饰面有改善墙体物理性能、保护墙体、装饰美化等作用；内墙饰面除了具有维护室内物理环境，保证室内使用条件的作用外，还具有渲染、烘托室内气氛，增添文化艺术气息等作用。更重要的是，它把建筑空间内各界面有机地结合在一起，并能结合空间其他界面，共同创造出各种不同的空间视觉感受。(图5-93、图5-94)

室内墙面装饰材料规格各异、式样千变万化、色彩丰富。从材料的性质上可分为木质类、石材类、陶瓷类、玻璃类、塑料类、金属类、墙纸类、涂料类等，可以说基本上所有材料都可用于墙面的装饰装修。从构造的角度可分为五类，即抹灰类、贴挂类、胶粘类、裱糊类、喷涂类。

一、抹灰类墙体的常用装饰材料及基本构造

内墙装饰中抹灰材料主要有水泥砂浆、白灰砂浆、混合砂浆、石膏砂浆、水泥石碴砂浆等做成的饰面抹灰层。抹灰材料在土建施工中属一般装饰材料及构造。抹灰类装饰饰面的优点是取材易、施工方便、技术要求低、造价低、与墙体粘结力强、保护墙体等。缺点是多数为手工操作、湿作业量大、劳动强度高、耐久性差。年久易龟裂、粉

图5-93 不同的墙面形式营造出风格各异的室内空间

化、剥落。抹灰类墙面属中低档装饰，可用于室内外墙面。

室内抹灰材料是用较为柔软的纸筋石灰做面层材料。在抹灰前先在内墙阳角、门洞转角、柱子四角等处用强度较高的1:2水泥砂浆抹出或预埋角钢做成护角。

1. 抹灰类饰面的类型

抹灰按所用材料和施工方式分为一般抹灰和装饰抹灰。

（1）一般抹灰

一般抹灰是用各种砂浆抹平墙面，效果一般。包括石灰砂浆、混合砂浆、聚合物砂浆、麻刀灰、纸筋灰抹灰，石膏浆罩面等。普通抹灰适用于简易住宅、临时房舍及辅助性用房；中级抹灰适用于一般住宅、工业建筑、公共建筑及高级建筑物中的附属建筑；而高级抹灰则适用于大型公共建筑、纪念性建筑和具有特殊功能要求的高级建筑。

（2）装饰抹灰

装饰抹灰比一般抹灰更具装饰性，档次和造价也更高。装饰抹灰是采用水泥、石灰砂浆等基本材料，在进行墙面抹灰时采取不同的施工工艺做成的饰面层。这种用不同的操作手法可以形成不同的质感效果。

2. 室内抹灰材料的施工要求

（1）抹灰底层

抹灰底层需要保证饰面层与墙体连接牢固，饰面层需平整。不同的基层底层的处理方法也不尽相同。砖墙面底层用抹灰底层的处理，基体粗糙，有利于墙体与底层抹灰间的粘结力。厚度为10mm左右，常用1:1:6水泥石灰砂浆做底层。

（2）中间层

中间层需要找平与粘结，可弥补底层砂浆的干缩裂缝。根据要求可一次抹成，也可分次抹成。用料与底层用料基本相同。

（3）饰面层

饰面层要求表面平整光洁，色彩均匀，无裂纹，可做成粗糙或光滑等不同的质感。

图5-94 极富视觉冲击力的墙面形式

图5-95 室内游泳池采用具有防水功效的石材作为墙面材料

二、贴挂类墙体的常用装饰材料及基本构造

贴挂类墙面装饰，是将大小不同的块状材料，采取镶贴或挂贴的方式固定在墙面上的形式。具体是用以人工烧制的陶瓷面砖、玻璃（镜面）、金属、天然石材、人造石材等制成的薄板为主材，通过水泥砂浆、胶粘剂或金属连接件，经一定的构造工艺将材料粘、贴、挂于墙体表面。这种墙面装饰易清洗、耐腐蚀、防水、结构牢固、安全稳定、经久耐用、装饰效果丰富，且内外墙面均可（图5-95）。贴挂类墙面装饰因施工环境和构造技术的特殊性，饰面材料尺寸不可过大、过厚和过重，施工应该在保证安全的前提下进行。

贴挂类墙面装饰分为贴面类和挂贴类。贴面类大多为直接粘贴饰面,由找平层、结合层和面层组成。找平层为底层砂浆,结合层为粘结砂浆或胶,面层为块状材料。用于直接镶贴的常用材料有陶瓷面砖、锦砖、饰面石材等。挂贴类的基本构造多由基层龙骨,各种连接件和饰面层组成。常用的面层材料有天然石材、规格较大的陶瓷砖、金属板材等。

贴挂类墙面装饰施工的构造方法可根据设计和建筑物墙体的具体情况来选择,主要构造方法有湿挂构造法、胶粘构造法、湿贴构造法、干挂构造法等几种形式。

1. 陶瓷面砖

陶瓷面砖按特征分为有釉和无釉两种,釉面又分有光釉(亮光)和无光釉(亚光)。釉面砖又称瓷砖。瓷砖表面光滑如镜、美观、清洁方便、吸水率低、应用范围广。陶瓷釉面砖构造一般采用湿贴法或胶粘法。湿贴法常用于较小尺寸的陶瓷面砖的粘贴。它的施工方式是直接用水泥砂浆粘贴饰面板,不用其他辅助材料。

(1)陶瓷面砖湿贴法的工艺流程

① 墙面基层处理:检查墙面基层,除掉空鼓部分,再将墙体表面凿毛,并用清水浸湿,抹1:3水泥砂浆找平层,表面用木条刮毛,使找平层与面砖粘贴得更牢固。

② 排砖、弹线定位:根据设计的要求及釉面砖的尺寸、图案、纹理,在找平层上进行排砖,并弹出水平和垂直控制的分格及定位线

(图5-96)。面砖的排列和对缝方法根据不同的设计要求,会有一定的形式变化。(图5-97)

③ 釉面砖浸水:釉面砖在粘贴前应在水中进行充分浸泡,待浸水后的釉面砖阴干后备用。

④ 粘贴釉面砖:首先在墙面四角贴标准块,根据墙面所弹水平和垂直控制线,由下至上粘贴釉面砖。最下层面砖应用木板进行支撑,防止水泥砂浆未硬化前砖体下坠变形。把10～15mm厚水泥石灰膏混合砂浆或2～3mm厚掺107胶的水泥素浆结合层,均匀涂抹在釉面砖背面按线粘贴,用橡胶锤轻轻敲击,使釉面砖紧贴找平层,并用水平尺按标准块检查平直。

⑤ 缝隙处理:瓷砖的缝与缝之间用专用填缝剂勾缝,填缝剂可用黑色、白色或与瓷砖同色,最后将釉面砖擦净。

(2)陶瓷面砖胶粘法的工艺流程

将大力胶涂抹在釉面砖背面,直接粘贴在建筑物墙体或其他基层表面上。其他作业方法和湿贴法构造相同。

2. 锦砖

锦砖又叫马赛克,锦砖有许多不同的材质,如陶瓷锦砖、玻璃锦砖、石材锦砖、木质锦砖、金属锦砖等,其中陶瓷锦砖与玻璃锦砖最为常见。

陶瓷锦砖质地坚硬、耐酸碱、耐火、耐磨、色泽多样、不渗水、抗压力强、吸水率小。玻璃锦砖同样质地坚硬、性能稳定、经久耐用、不龟

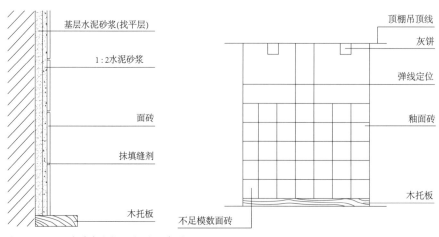

图5-96 釉面砖弹线分格及粘结示意图

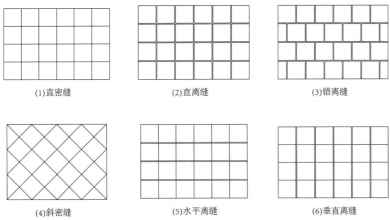

(1)直密缝	(2)直离缝	(3)错离缝
(4)斜密缝	(5)水平离缝	(6)垂直离缝

图5-97 面砖的排列形式

裂。锦砖构造灵活多变,可随意拼贴,变换出不同的花纹图案,也可设计成锦砖壁画,有较强的装饰性(图5-98)。锦砖也可做木基层,用万能胶粘贴。陶瓷锦砖、玻璃锦砖构造方法相同,均采用湿贴法和胶粘法。

(1)锦砖湿贴法的工艺流程

锦砖可以墙体为基层,用水泥砂浆粘贴,也可做木基层,用万能胶粘贴。陶瓷锦砖、玻璃锦砖构造方法相同,均采用湿贴法和胶粘法。湿贴法的工艺流程如下:

① 墙面基层处理、弹线定位与釉面砖的构造方法相同。

② 铺贴:铺贴时,以墙面定位线为依据,将1:1水泥砂浆(可掺入适量乳胶溶液,增加粘结度)抹入一"联"锦砖非贴纸面,由上至下铺贴,然后用木板压实压牢,防止产生空鼓现象。最后将边缘缝隙溢出的水泥砂浆擦净。

铺贴时应用水平尺随时控制锦砖表面平整度,并注意调整锦砖之间的缝隙,缝隙应均匀,缝与缝之间要求光滑平整。

③ 揭纸:锦砖铺贴完毕初步凝固后,应洒水浸湿牛皮纸,进行养护至充分凝固(12小时左右),再轻轻揭去面纸,如有单块锦砖随纸揭下,须进行重新修补。

④ 填缝:锦砖完全凝固后,可根据锦砖的颜色,选择相应颜色的填缝剂进行勾缝处理。

(2)锦砖胶粘法的工艺流程

锦砖胶粘构造与陶瓷面砖胶粘构造相同。

3. 饰面石材

当饰面石材尺寸规格较大时,应采用贴挂的构造形式。主要分为湿挂贴构造法(贴挂整体法)、干挂构造法(钩挂件固定法)和胶粘构造法三种。

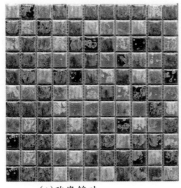

(1)陶瓷锦砖

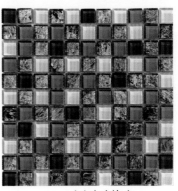

(2)玻璃锦砖

图5-98 锦砖

室内设计

（1）湿挂贴构造法的工艺流程

湿挂贴构造法是一种传统的工艺，其构造方法是采用金属钉挂贴和铜丝或不锈钢丝绑扎连接饰面板材，并在板材与墙体之间灌注水泥砂浆。湿挂贴构造法安装高度一般不超过5m。

① 基层处理：清理墙面基层，把墙体表面凿毛，并用清水浸湿，根据饰面石材的尺寸弹线定位。

② 排板、编号：安装前需按施工图在地上进行选板、预拼、编号，这样才能使安装好的饰面石材颜色统一、纹理贯通，以保证达到好的装饰效果。编号一般由下向上编排，将有缺陷的饰面石材用于不显眼的部位。

③ 饰面石材开槽、钻孔分为钩挂法和绑扎法。

A. 钩挂法：在饰面石材顶部靠近两端的板厚中心处钻2～4个直孔，孔直径为6mm，孔深为40～50mm，具体孔位根据板的宽度确定。另外需在石板两侧分别各钻直孔一个，孔位距石板下端100～150mm，孔直径为6mm，孔深35～40mm。直孔需剔出6mm宽的槽，以便安装形钢钉。（图5-99、图5-100）

B. 绑扎法：在饰面石材顶部两端居板厚中心处及背面各开横槽两条，横槽长各为40～50mm，横槽距板边40～60mm，再在石材背面开四条长为40～60mm竖槽。（图5-101）

④ 墙体钻孔分为钩挂法和绑扎法。

A. 钩挂法：按饰面石材钻孔位置，分别定出墙体相应钻孔位置，并在墙体上钻45°斜孔，孔直径6mm，孔深50～60mm。

B. 绑扎法：按石材开槽位置，分别在墙体上钻孔，孔直径8～12mm，孔深大于60mm，并钉入膨胀螺栓备用。

⑤ 涂刷防污剂：在饰面石材的正面、背面以及四边同时涂刷防污剂（保新剂）。

⑥ 安装饰面石材分为钩挂法和绑扎法。

A. 钩挂法：用直径5mm不锈钢丝制成⌐形钢钉，同时把大力胶满涂于钢钉上和石材孔内。饰面石材由下往上安装，将⌐钢钉的直角钩插入石材顶部直孔内，斜角一端则插入墙体45°斜孔内，再次注满大力胶，并调整饰面石材的水平缝隙，接着在饰面石材与墙体之间用大头硬木楔将石材胀牢。（图5-102）

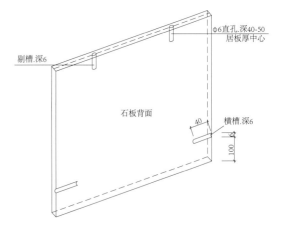

图5-99 石材钩挂法钻孔剔槽示意图（单位：mm）

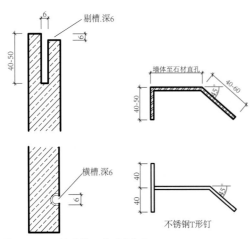

图5-100 石材剔槽示意图（单位：mm）

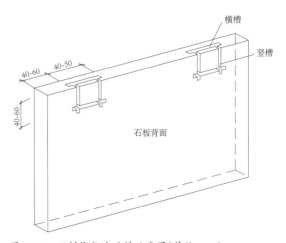

图5-101 石材绑扎法开槽示意图（单位：mm）

B. 绑扎法：安装时由下而上进行，将18#不锈钢丝或铜丝剪成200mm长的线段并弯成形，套入石材背面横竖槽内，在石材顶部横槽处交叉拧紧，并涂抹大力胶，然后将其绑扎在墙体的膨胀螺栓上。安装时用水平尺检查饰面石材表面的平整度，同时用大头硬木楔嵌入石材与墙体之间，将石材胀牢。(图5-103)

⑦ 灌浆：用1:3水泥砂浆分层灌注，每次灌浆高度不超过饰面石材的1/3。等第一层水泥砂浆初步凝固后，再灌第2层砂浆，一块石材通常分3~4次灌完。最后一层砂浆离上口50mm处即停止灌浆，留待上排饰面石材灌浆时来完成，从而使上下石材连成整体。使用浅色饰面石材时，须用白水泥浆灌注。

⑧ 清理、嵌缝：全部饰面石材灌注完后，用软布清理缝隙处溢出的砂浆，按石材颜色调制相应的填缝色浆嵌缝，最后再上蜡抛光。

(2) 干挂构造法的工艺流程

干挂法是一种新型的饰面石材构造技术，它是利用金属挂件将饰面石材直接与墙体连接，或与不锈钢、镀锌钢等制作成的金属结构基层连接。干挂构造法安装便捷，不需灌注水泥砂浆，有效地克服了因水泥砂浆中盐碱等色素对石材的渗透所造成的石材表面发黄变色、水渍锈斑等通病。干挂构造法还具有安全可靠、抗震性好、光滑平整等优点。但是其造价高、构造技术要求高、辅助配件较多。干挂构造法分为钢架锚固法和直接锚固法两种。

① 钢架锚固法：大面积的饰面石材安装或饰面石材安装于填充墙体上时，须要借助金属骨架作为承重载体，来承受饰面石材自身的重量、风荷载和热膨胀。这种构造方法就是钢架锚固法，主要适用于高度超过9m的高层建筑物的内外墙面，以及建筑隔墙为不具备承载能力的填充墙体。钢架锚固法的工艺流程如下：

A. 基层处理：将墙体基层表面清理，达到平整度的要求，适合于钢架连接件安装，并计算钢架连接件的尺寸和要安装位置。

B. 弹线、定位：确定钢架支撑锚固点的位置，钢架支撑锚固点应选择墙面现浇部位作为承重点。同时在墙体表面弹出安装饰面石材的位置线和分格线。

C. 墙体钻孔：根据墙面所标示的支撑点位置钻孔，孔直径为14~16mm，深度不小于60mm。然后将不锈钢膨胀螺栓满涂大力胶插入孔内。

D. 金属钢架安装：把金属钢架连接件套

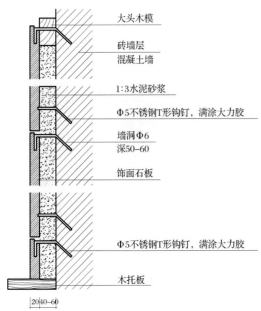

图5-102 石材钩挂法构造示意图(单位:mm)

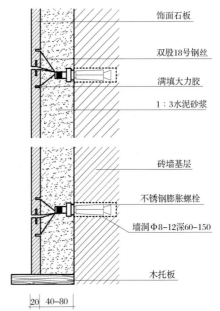

图5-103 石材绑扎法构造示意图(单位:mm)

入墙面膨胀螺栓内,再用电焊加以固定。然后按石材宽度先将主竖钢龙骨与连接件焊接(图5-104),再按石材高度焊接副横钢龙骨与主竖钢龙骨。从而在墙面形成整体的钢架网格结构(图5-105)。最后根据石材开槽位置在钢架网格的副龙骨上钻螺栓锚定孔,孔直径10~14mm。主龙骨采用镀锌槽钢、镀锌矩管等型材,副龙骨采用镀锌角钢,所以型材的规格根据设计要求而定。

E. 饰面石材开槽:在饰面石材顶部和底部两端,在板厚中心锚定处进行开槽,槽的大小、深度可根据不锈钢或铝合金挂件规格而定。(图5-106)

F. 安装饰面石材:将不锈钢或铝合金挂件上半部分L形挂件,用不锈钢螺栓锚固在钢架上,将下部分平板挂件插入石材相应的槽内,槽内涂大力胶,然后把两部分连接在一起,利用不锈钢挂件上的调整孔,对石材各边的垂直度、平整度等进行调整,同时拧紧所有螺栓并上少许胶。(图5-107)

G. 嵌缝:全部饰面石材安装完毕后,将表面清理干净,把泡沫塑料圆条嵌入两块饰面板之间的缝隙,外面再用耐候硅酮胶进行密封。(图5-108)

② 直接锚固法是指将饰面石材通过金属挂件直接与墙面连接,省去了钢架龙骨,因此

较钢架锚固法简单经济,但直接锚固法对建筑物墙体的强度要求高,安装方法与钢架锚固法基本相同。直接锚固法要求不锈钢挂件与墙面膨胀螺栓的位置必须对齐,安装高度不超过5m。(如图5-109)

(3)胶粘构造法的工艺流程

胶粘构造法常用于天然和人造饰面石材及各类瓷砖的施工中。这种工艺操作简单、周期短、经济、安全可靠。它省去了复杂的金属挂件,从而降低了成本,提高了施工质量和施工效率。胶粘贴法主要有直接粘贴法、过渡粘贴法、钢架粘贴法三种构造形式。不管采用何种构造方式,都必须确保粘贴石材的墙面平整,无松动、空鼓、油污等瑕疵。并根据设计要求和石材规格以及施工现场具体情况,弹安装位置线,定位线必须横平竖直。

① 直接粘贴法:将饰面石材用大力胶直接粘贴在建筑物墙体表面上,安装高度小于9m。将调制好的大力胶分五点,中心和四角各一点,其中中间点用快干胶,抹堆在石材背面,抹堆高度应稍大于粘贴的空间距离。饰面石材按定位线,自下而上粘贴,边安装边用水平尺校平、调直,同时用橡胶锤轻击涂胶处,使胶粘剂与墙面完全粘合。(图5-110)

② 过渡粘贴法:又称间接粘贴法,是当所粘贴饰面石材与墙体之间的净空距离小于10mm而大于5mm时,采用垫层过渡的方式来填补此空隙的一种构造工艺,它常和直接粘贴

图5-104 主竖钢龙骨与连接件焊接

图5-105 主竖龙骨和副横龙骨构成的钢架网格

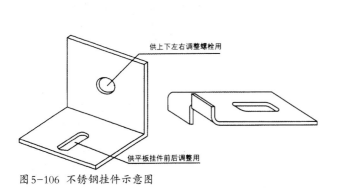

图 5-106 不锈钢挂件示意图

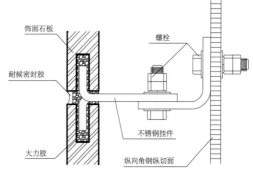

图 5-107 钢架锚固法构造示意图

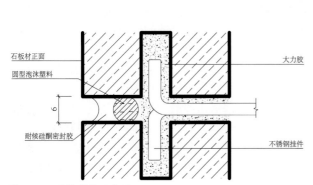

图 5-108 干挂嵌缝示意图

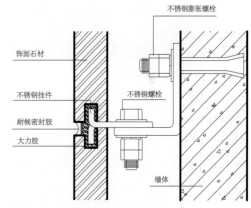

图 5-109 直接锚固法构造示意图

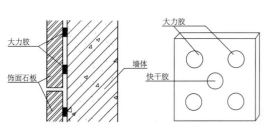

图 5-110 直接粘贴法示意图

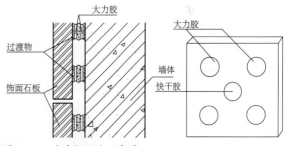

图 5-111 过渡粘贴法示意图

法交叉施工,安装高度小于 9m。施工时可先根据墙体表面的平整度及饰面石材排列的位置来确定过渡垫层物的大小及厚度。垫层物常用相应石材、瓷砖或硬质材料,表面不宜过于光滑。将确定好的过渡垫层物分别粘贴于饰面石材背面的四角及中心处,然后再在过渡垫层物上抹堆大力胶。随后将饰面石材按所弹水平线由下往上粘贴,并用水平尺校平、调正。同时用橡胶锤轻击粘结点,使其牢固。粘

结时,如发现饰面石材与墙面空隙较大时,可调整过渡垫层物。(图5-111)

③ 钢架粘贴法:当墙体垂直偏差较大,饰面石材与墙体的净空距离为 40～50mm 或墙体为轻质填充物时,可借助金属钢架作建筑物承重墙体,以减轻墙体荷载。钢架安装应按饰面石材和施工现场的尺寸模数。用纵、横向钢架网格做骨架,网格分格距离应控制在 400～500mm。钢架网格应用不锈钢、镀锌钢或铝合

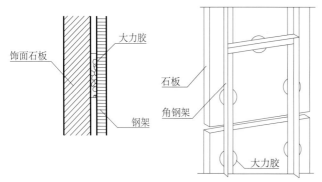

图5-112 钢架粘贴法示意图

图5-113 墙面装饰材料可营造出很强的装饰性

图5-114 墙面装饰材料可营造出很强的装饰性

金制作。钢架与饰面石材之间胶的粘贴厚度应控制在4～5mm,粘结点宜五点分布于石材背面,中心和四角各一点,中心点用快干胶定位。按水平线依次粘贴并用水平尺校平,调正定位。同时用橡胶锤轻击粘结点,使其牢固。

定位后,应立即检查粘合情况,保证粘合点准确无误。(图5-112)

三、胶粘类墙体的常用装饰材料及基本构造

胶粘类墙面是指将天然装饰木夹板、金属装饰薄板等各种人造板材用胶粘贴在墙面上的一种构造方法。其优点是湿作业量小、耐久性好、适应面更广、可塑性更强,安装简便、装饰效果丰富。胶粘类的饰面构造是在墙体上固定骨架,在骨架上直接固定饰面板或先在骨架上铺设基层板,再在基层板上粘贴饰面板。饰面板贴墙装饰主要有装饰性和功能性两方面的作用。

不同材料的饰面板材可以营造出不同的装饰风格和环境氛围。室内装饰墙体所用饰面板的品质、规格、质感、色彩、纹理多种多样,有以原纸(钛粉纸、牛皮纸)经过三聚氰胺与酚醛树脂浸渍,再经高温高压制成的防火板,有以金属为原料制成的各类金属饰面板,还有以天然木材为原料制成的各种木质饰面板等等。(图5-113、图5-114)

饰面板贴墙装饰除了具有保护墙面的功能,还具有保温、隔热、隔音、吸声、阻燃等作用。设计时,可根据不同的场所、要求选择适宜的饰面材料,进而达到理想的装饰效果。(图5-115)

饰面板种类繁多,按材质不同可分为木质类、金属类、塑料类、玻璃类等。这些材料性能、特征不尽相同,其使用的环境、要求、最后的效果也各不相同。

1. 木板材贴墙的常用装饰材料及基本构造

木板材贴墙是一种高级室内装饰形式,常用于内墙面护壁或其他特殊部位(图5-116)。木质板材包括基层板和饰面板两大类,它们由天然木材加工而成。常见的有胶合板、细木工板、纤维板、薄木皮装饰板、浮雕装饰板、模压板、印刷木纹板等。其中胶合板、细木工板、纤维板等一般作墙面基层使用;薄

木皮板、浮雕板、模压板、印刷木纹板等用于饰面装饰。其构造做法通常是在墙面上预埋防腐木桩,由竖筋和横筋组成的木骨架钉立而成(木筋间距视面板尺寸而定),铺钉面板,罩面装饰。

（1）薄木皮饰面板

薄木皮饰面板又叫装饰面板,系以珍贵木材通过旋切法或刨切法将原木切成0.2～0.9mm的薄片,经干燥、涂胶粘贴在胶合板表面。常用于高级建筑内部的天棚、墙面、门、窗,以及各种家具的饰面装饰。常用的木材有橡木、影木、柚木、榉木、胡桃木、水曲柳、花梨木等。薄木皮饰面板花色丰富,木纹美丽,幅面大,不易翘曲,薄木皮饰面板常用规格为1220×2400mm,厚度为3～6mm。(图5-117)

（2）浮雕装饰板

浮雕装饰板是通过雕刻机在高密度木板表面雕刻出各式各样起伏不平的纹理、图形,它凹凸幅度大,有明显浮雕效果,具有文化艺术价值和独特的风格(图5-118)。其表面经贴金箔、银箔、铜箔,喷漆或浸漆树脂处理制成。浮雕艺术装饰板广泛用于住宅空间的装饰和公共建筑空间。其规格为1220×2440mm,厚为15～100mm。

（3）模压板

模压板是用木材与合成树脂,经高温高压打磨而成。该板表面可压制出各种纹理不同的肌理效果,也可压制出平滑光洁的效果。常作护墙板、门板、展台的装饰、家具饰板造型面。该板经久耐用,色泽柔和,质感好,不变形,施工方便。(图5-119)

（4）木板材贴墙的工艺流程

木质饰面板用于室内墙面装饰装修,可独立应用,也可以和其他材料搭配使用。其结构主要由龙骨、基层、面层三部分组成。

① 墙面基层处理:墙体表面要做防潮层

图5-115 KTV包间墙面使用的软包材料能够满足空间对吸声的要求

图5-116 木板材装饰的高档室内环境

处理。

② 弹线定位:按木龙骨的间距尺寸,在墙体表面弹出分格线,并在分格线上钻孔,孔径为8～20mm,孔深60～150mm,并塞入木楔,为安装木骨架作准备。(图5-120)

③ 拼装木龙骨:用40×40mm或40×60mm的木条,按基层板尺寸模数,拼装成木龙骨网格,木龙骨的拼接方法与木龙骨天棚的拼接方法相同。

④ 刷防火漆:室内装修所用木质材料均

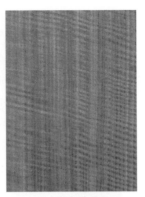

(1)橡木饰面板　　　　　　(2)影木饰面板　　　　　　(3)柚木饰面板

图5-117　薄木皮饰面板

(1)浮雕装饰板　　　　　　　(2)浮雕装饰板

图5-118　浮雕装饰板

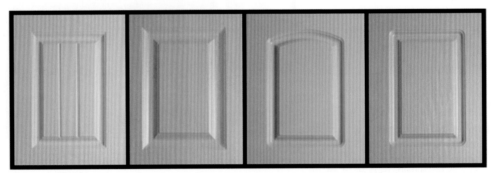

图5-119　模压板

需进行防火处理。在制作好的木骨架与基层板背面,涂(刷)三遍防火漆,防火漆应把木质表面完全覆盖。

⑤ 安装木龙骨网格:把拼装好的木龙骨网格,按墙面上的定位分格线安装固定。安装时应注意检查木龙骨网格的垂直度和水平度。若木龙骨网格与墙面不能完全贴实而产生空隙,须在空隙处加木垫来调整垂直度和水平度。

⑥ 基层板安装:基层板可采用胶合板或细木工板,在安装好的木龙骨网格表面和基层板背面均匀地涂刷乳白胶,再用门型钉或小铁钉将其固定在木龙骨架上。

⑦ 饰面板安装:先按照设计要求将饰面板进行裁切,再将万能胶均匀地涂刷在基层板表面和饰面板背面上,然后按饰面板纹理将其粘贴于基层板表面,同时用力压实压牢。

⑧ 安装封口线、踢脚线:饰面板粘贴完成

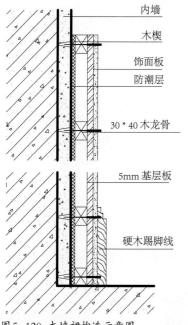

图 5-120 木墙裙构造示意图

内墙
木楔
饰面板
防潮层
30 * 40 木龙骨
5mm 基层板
硬木踢脚线

后,通常用装饰线在墙裙上口和下端进行封边收口。收口线和踢脚线材质有木质、金属、石材等。(图 5-121)

⑨ 涂刷面漆:饰面板安装完成后,须在表面进行清漆饰面。另外,在基层板表面可进行各种饰面处理,如贴墙纸饰面、金属饰面、油漆饰面、喷涂饰面、人造革饰面、防火板饰面等等。

2. 金属饰面板贴墙的常用装饰材料及基本构造

金属薄板饰面是采用铜、铝、铝合金、不锈钢等轻金属加工成薄板,表面做烤漆、喷漆、镀锌、电化覆盖塑料、搪瓷等处理,做成墙面装饰,具有坚固耐久、新颖、易于加工等优点。现代装饰装修工程常用金属饰面板包括不锈钢饰面板、铝合金墙板、铝塑复合板、烤漆钢板、铜饰面板等。薄板表面可做成平形、波形、卷边或凹凸条纹,铝板网可做吸声墙面。

(1)不锈钢饰面板

不锈钢饰面板因其独特的耐腐蚀性、耐久性,以及表面光滑亮泽的金属质感,受到现代人们的喜爱,是室内装饰建筑中的常用材料。

不锈钢是以铬元素为主,并加入其他元素制成的具有良好的不生锈、耐腐蚀特征的合金钢。铬含量越高不锈钢的抗腐蚀性越好。不锈钢优点在于它具有较高的强度、可塑性、柔韧性,且不变形、防火、防潮、和耐蚀性等物理性能,因此在现代室内设计中被广泛应用。除铬外,不锈钢还含有镍、锰、钛、硅等元素,这些元素都会影响不锈钢的物理性能。不锈钢按合金元素可分为高铬不锈钢、铬镍不锈钢和镍铬钛不锈钢。

在室内装饰装修中,常见的不锈钢饰面板

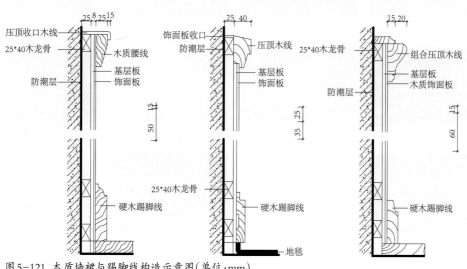

图 5-121 木质墙裙与踢脚线构造示意图(单位:mm)

有镜面板、彩色板、亚光板、浮雕板四种类型（图5-122～图5-125）。不锈钢饰面板的常见规格为：长1000～2400mm，宽500～1220mm，厚0.35～2mm。

在室内装修中，不锈钢饰面板贴墙的构造方法都基本相似，基层的构造方法有木龙骨构造法、钢架龙骨构造法、混合龙骨构造法三种类型。

不锈钢饰面板的收口工艺根据饰面板的固定方式而定。常用的固定方式有直接粘贴式和开槽嵌入式。不锈钢饰面板不宜用铁钉、螺钉、螺栓固定（除设计另有要求或外墙使用较大型、厚型不锈钢板例外），它会影响不锈钢饰面板的装饰效果。这里对木龙骨构造法和钢架龙骨的构造法进行介绍。

① 木龙骨构造法适用于小尺度室内空间墙面、柱面的装饰装修或小块薄型不锈钢饰面板以及防火等级要求不高的室内装饰装修部位。

A. 墙面基层处理：弹线定位、拼装木龙骨、刷防火漆、安装木龙骨网格、基层板安装等与木质饰面板贴墙构造法相同。

B. 不锈钢饰面板安装分为直接粘贴固定法和开槽嵌入固定法两种。

a. 直接粘贴固定法：安装前应按设计要求和施工现场的具体尺寸，先在基层板上进行排板、弹线、定位，根据排板尺寸在加工厂对不锈钢饰面板进行裁剪加工。然后用砂纸打磨饰面板背面，增加它的粘贴系数。把万能胶均匀涂刮在基层板表面和饰面板背面，等胶不粘手时，即可将不锈钢饰面板依次粘贴于基层板上，用力压实、压平并用橡皮锤轻击，加固其密实性。饰面板之间应留缝隙，缝隙尺寸可根据设计要求而定，通常不小于3mm，并用玻璃胶进行勾缝处理，可增加装饰美感和加强牢固性。（图5-126）

b. 开槽嵌入固定法：安装前应按设计要求

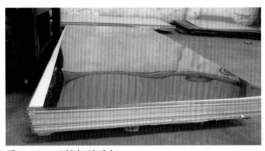

图5-122 不锈钢镜面板

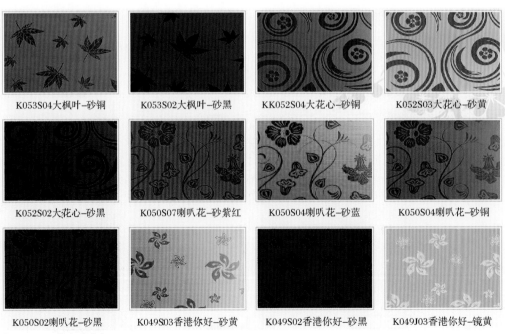

K053S04大枫叶-砂铜　　K053S02大枫叶-砂黑　　KK052S04大花心-砂铜　　K052S03大花心-砂黄

K052S02大花心-砂黑　　K050S07喇叭花-砂紫红　　K050S04喇叭花-砂蓝　　K050S04喇叭花-砂铜

K050S02喇叭花-砂黑　　K049S03香港你好-砂黄　　K049S02香港你好-砂黑　　K049J03香港你好-镜黄

图5-123 不锈钢彩色板

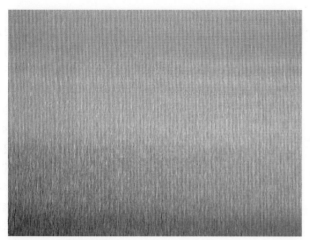

图5-124 不锈钢亚光板

图5-125 不锈钢浮雕板

和施工现场的具体尺寸,在基层板上进行排板、弹线、定位,并用木工修边机在基层板上开槽,槽宽5~8mm,槽深7~10mm,然后根据排板尺寸和槽的深度在加工厂进行裁剪、折边。用胶枪把玻璃胶或耐候胶均匀地把胶涂抹在加工好的饰面板背面,然后将饰面板按序嵌入基层板上的形槽内用力压实压平,并用胶带将其固定,等饰面板完全粘贴牢固后方可撕去。

开槽嵌入固定法在不锈钢饰面板安装完成后,板与板之间会自然产生2~3mm的细小缝隙。若要加大缝隙,可在基层板开槽时,增加它的宽度,缝隙之间用玻璃胶或耐候胶嵌填。(图5-127)

② 钢架龙骨构造法适用于外墙和大尺度建筑空间墙面、柱面装饰,或者较大型、厚型不锈钢饰面板以及防火等级标准较高的室内

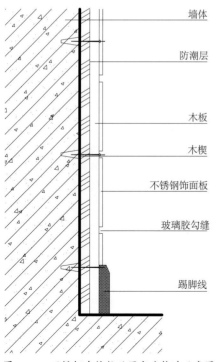

图5-126 不锈钢直接粘贴固定法构造示意图

墙体
防潮层
木板
木楔
不锈钢饰面板
玻璃胶勾缝
踢脚线

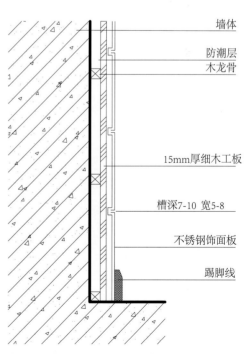

图5-127 不锈钢开槽嵌入固定法构造示意图
(单位:mm)

墙体
防潮层
木龙骨
15mm厚细木工板
槽深7-10 宽5-8
不锈钢饰面板
踢脚线

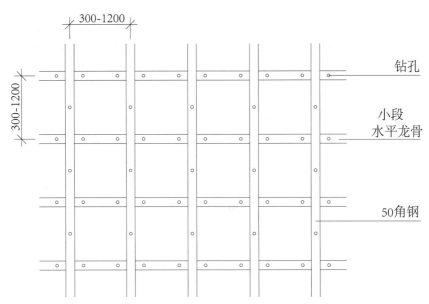

图5-128 钢架龙骨安装示意图(单位:mm)

装饰。

A. 墙面基层处理:清理墙体基层,使墙体表面平整,适合钢架安装。

B. 弹线、定位:根据设计要求和现场具体情况,确定钢架支撑锚固点的位置,锚固点应选择墙面现浇部位作为承重点,同时在墙面弹安装定位线。

C. 制作钢龙骨框架:通常用角钢来制作横竖相连的龙骨框架,并在角钢龙骨框架表面开孔,以备安装基层板。龙骨框架的尺寸根据是否采用基层板来确定,采用基层板角钢框架

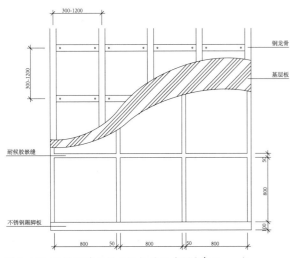

图5-129 不锈钢饰面板粘贴构造示意图(单位:mm)

尺寸常为 300×300mm、600×600mm、1200×1200mm。如不使用基层板,龙骨框架尺寸要根据设计尺寸和实际的需要而定。(图5-128)

D. 安装支撑连接件:为保证钢龙骨框架的稳固和平整,通常在墙体上根据定位线安装支撑固定件。支撑固定件可用角钢或圆钢制作。制作好的支撑固定件用膨胀螺栓与墙体连接。

E. 安装钢龙骨框架:将角钢龙骨框架按定位线与支撑连接件锚固、焊接。焊接时用垂线法和水平直线法检查钢框架的垂直度和平整度。如果安装面积较大时,可把钢龙骨框架分片连接安装。

F. 基层板安装:用高强度自攻螺钉将基层板与角钢龙骨框架锚牢,基层板常用细木工板、胶合板、石膏板等。如采用开槽嵌入法,可在基层板表面排板、弹线、定位及开槽处理。

G. 粘贴不锈钢饰面板:将调好的万能胶或玻璃胶涂刮于不锈钢饰面板背面,自下往上粘贴,并压实压平,同时用橡皮锤轻击使其粘贴紧密。(图5-129)

H. 板面缝隙处理及清理:用胶枪在不锈钢板缝之间打入硅酮耐候密封胶,养护24小时后,揭掉不锈钢饰面板保护膜。

(2)铝合金墙板

铝是一种强度很低的金属元素,为了提高其实用价值,常在铝中加入适量的铜、镁、锰、硅、锌等元素组成铝合金。常见铝合金制品有铝合金墙板、铝合金门窗、铝合金吊顶龙骨等。

铝合金墙板又叫铝合金饰面板,是选用高纯度铝材或铝合金为原料,经辊压冷加工而形成的饰面材料。铝合金墙板有内墙板和外墙板之分,经处理后的铝合金饰面板可形成各式花纹和颜色的平板、浮雕板、镂空板等。具有抗侵蚀、防火防潮、不变形、易加工、质轻、刚性好、强度高、色彩丰富美观等特点。(图5-130~图5-133)

外墙板在表面涂层的处理上,应用更为先进的氟碳树脂涂层技术,使用这种技术的铝合金墙板,除了具备铝合金饰面板的一般性能和特点外,最大的优点是具有超耐候性、耐化学性、耐污染性,即使长期暴露于大气之中,也可连续使用几十年而不褪色,它是当今新型的墙面装饰材料。铝合金内墙板的规格以1220×2440mm最为常见,厚度为0.4~1mm;外墙板尺寸可根据设计要求在工厂进行加工,厚度一般为1~3mm。

铝合金墙板用于墙面装饰,必须和龙骨配合使用,龙骨常用铝合金或不锈钢制作。

① 墙面基层处理:弹线、定位,制作钢龙骨框架,安装支撑连接件,安装钢龙骨框架等和不锈钢饰面板贴墙构造方法相同。

② 安装铝合金墙板:将铝合金墙板用万能胶、铆钉或高强度不锈钢自攻螺钉固定在钢龙骨框架上。安装时须随时调整铝合金饰面板的垂直度和水平度。

③ 板缝处理:在铝合金墙板之间的缝隙内嵌入圆形泡沫棒,并在表面用胶枪打入硅酮耐候胶密封,以防止热膨胀挤压板面。

④ 清理板面:养护1~2天后清理板面,再撕去表面保护膜。

(3)铝塑复合板

铝塑复合板通常简称为铝塑板,分为内墙板和外墙板。铝塑复合板采用高纯度铝合金板为表层和底层,芯板为聚乙烯(LDPE或PE)树脂,经特殊添加剂热复合而成。

铝塑复合板耐燃,是一种符合现代建筑防火规范的装饰材料。因其综合性能优良而被广泛运用建筑物的内外墙、门楣、室内天棚等部位的装饰装修。铝塑复合板面层分为色板、花板、镜面板,其颜色和花纹各式各样、丰富多

图5-130 拉丝面铝合金平板饰面板

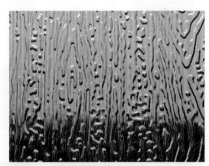

图5-131 铝合金浮雕饰面板

图5-132 铝合金镂空饰面板

图5-133 彩色铝合金饰面板

彩。(图5-134～图5-137)

铝塑复合板具有强度高、耐冲击、耐腐蚀、耐风化、耐紫外光照射等特点，因其芯板为聚乙烯材质，故重量轻，同时具有良好的隔音、隔热性能。可根据要求任意切割、裁剪，弯曲成各种形状和造型。是室内装饰中贴墙、包柱、贴顶的理想饰面材料。铝塑复合板规格为1220×2440mm，外墙板厚度为4mm，内墙板厚度为3mm。

由于铝塑复合板是铝板和塑料的复合体，它薄而柔，易弯曲，上下层铝合金板厚度仅为0.2～0.5mm。因此无论采用何种构造技术，一般不允许将铝塑复合板不通过骨架或基层而直接粘贴于墙体表面。

铝塑复合板的安装不仅有龙骨或基层的要求，还应注意开槽、拼缝的方法和工艺，在施工中常将铝塑复合板弯曲成所需形状，如直角、锐角、钝角和圆弧等，这些形状通常在施工现场即可完成。(图5-138)

铝塑复合板常采用钢架龙骨粘贴法，适用于建筑外墙装修工程及室内大尺度墙面的装

饰装修，钢架可用不锈钢或镀锌角钢制作。内墙装饰常在钢架上铺装基层板，外墙可用拉铆钉将铝塑复合板直接安装在钢架上，所以这种构造形式也叫作铝塑板干挂。

3. 玻璃的常用装饰材料及基本构造

玻璃在建筑装饰装修中占有及其重要的地位，它具有透光、透视、节能、安全防爆、改善环境、控制光线、控制噪声、调节热量等作用。玻璃的主要原料为纯碱、石英砂、长石及石灰石等，经过1550～1600℃的高温熔融后经压制或拉制冷凝成型。如在玻璃中加入某些金属氧化物和化合物，可制成各种不同特殊性能的玻璃。此外，利用染色、印刷、雕刻、磨光、热熔等加工工艺，还可获得各种装饰效果极强的艺术玻璃。

玻璃是典型的脆性材料，易碎，几乎无孔隙，属致密材料。玻璃的热稳定性差，当温度急变时，就会造成碎裂。但具有较高的化学稳定性，对酸、碱、盐等有较强的耐腐蚀能力，能抵抗除氢氟酸以外的各种酸类的侵蚀，但会被

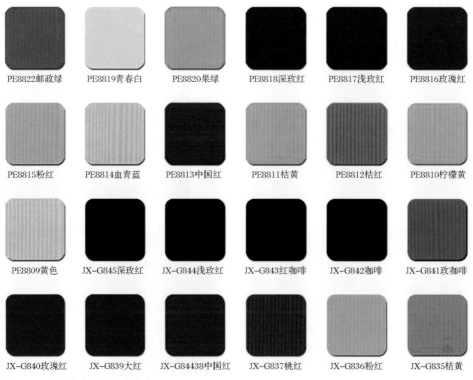

PE8822邮政绿　PE8819青春白　PE8820果绿　PE8818深玫红　PE8817浅玫红　PE8816玫瑰红

PE8815粉红　PE8814血青蓝　PE8813中国红　PE8811桔黄　PE8812桔红　PE8810柠檬黄

PE8809黄色　JX-G845深玫红　JX-G844浅玫红　JX-G843红咖啡　JX-G842咖啡　JX-G841玫咖啡

JX-G840玫瑰红　JX-G839大红　JX-G84438中国红　JX-G837桃红　JX-G836粉红　JX-G835桔黄

图5-134 彩色丰富的铝塑复合板

 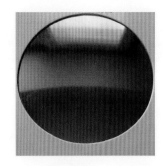

图 5-135 镜面铝塑板

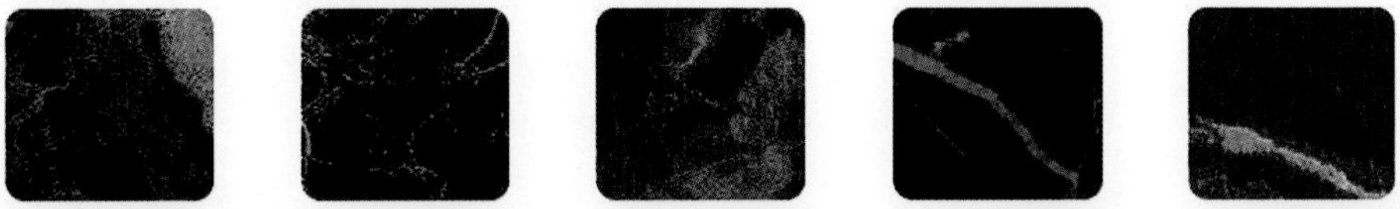

JD6601大花绿　　　JD6602啡纲纹　　　JD6603黑金花　　　JD6604黑白银　　　JD6605紫罗红
(Verde Gressoney)　（Coffee Net)　　(Black-golden flower)　(Nero Margiua)　　(Purple Red)

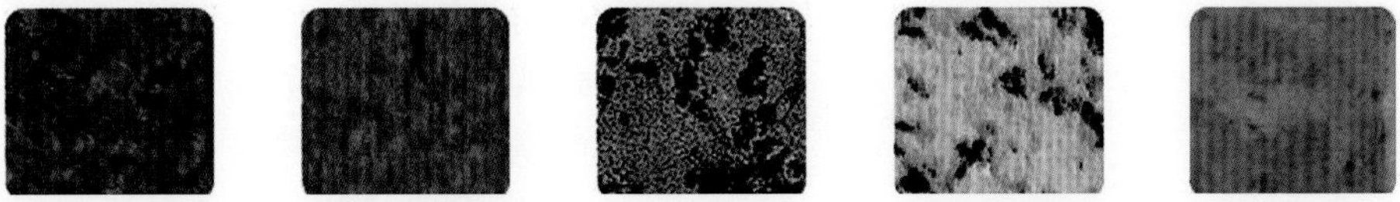

JD6606印度红　　　JD6607幻彩红　　　JD6608红钻　　　JD6609加州金麻　　JD6610珊瑚红
(Indian Red)　　　(Magic Rainbow)　　(Carmen Red)　　(Giallo California)　(Coralline Red)

JD6611挪威红　　　JD6612帝王红　　　JD6613金线米黄　　JD6614金花米黄　　JD6615莎娜米黄
(Norwegian Red)　(Imperial Red)　　(Tspun Gold)　　(Nrerlato Svevo)　(Yellow Sharna)

图 5-136 石纹铝塑板

樱桃木　　　　橡木（深）　　　橡木（浅）　　　松香黄　　　　杉木

金孔雀　　　　胡桃木（深）　　胡桃木（浅）　　红樱桃　　　　红榉木

枫木（深）　　枫木（浅）　　　枫榉木　　　　白杨树榴　　　白榉木

图 5-137 木纹铝塑板

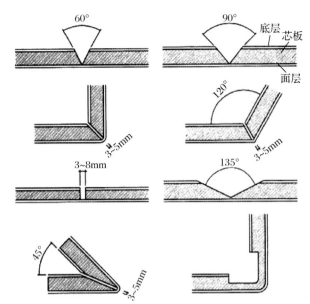

图5-138 铝塑复合板开槽折角示意图

碱液或金属碳盐腐蚀。硅酸盐类玻璃长期遭受水汽的作用，玻璃会变质继而被破坏，出现水解现象即玻璃的风化。

（1）玻璃的类型

玻璃根据其性能和用途可分为普通平板玻璃、艺术玻璃、安全玻璃和节能玻璃等。

① 普通平板玻璃是未经其他工艺处理的平板状玻璃制品，通常用引上法、平拉法和浮法等生产工艺制成。普通平板玻璃具有透光、隔音、隔热、耐磨、耐酸碱、耐气候变化等特征，但质脆、怕敲击、怕强震等。常用厚度为3～6mm，加厚型有8～19mm，长宽规格较多。（图5-139）

② 艺术玻璃是在普通平板玻璃的基础上通过染色、磨砂、刻花、压花、热熔等特殊工艺加工而成的一种具有艺术风格的装饰玻璃。（图5-140）

③ 安全玻璃具有极高的抗冲击能力，且即使被击碎，其碎块也不至伤人。安全玻璃的主要品种有钢化玻璃、夹层玻璃等。（图5-141、图5-142）

④ 节能玻璃除具有普通平板玻璃的性能外，还具有特殊的对光和热的吸收、透射和反射能力，既利于冬季保温，又能阻隔太阳热量以减少夏天空调能耗。常用的节能玻璃有吸

热玻璃、热反射玻璃、中空玻璃等等。（图5-143～图5-146）

⑤ 空心玻璃砖是由两块凹型玻璃，经熔接或胶结而成的玻璃砖块。两块凹形玻璃中间是空气，也可以填入绝热、隔音材料，可提高绝热保温及隔音性能。常用于装饰性外墙、花窗以及室内隔墙、隔断、柱面的装饰。（图5-147）

（2）玻璃装饰的基本构造

玻璃在室内装修中的应用非常普遍，是室内装修中重要的装饰材料之一。玻璃加工制品的种类繁多，构造方法多样，施工中常与木质、金属、水泥体结合使用。在室内装饰工程中主要用于隔墙、隔断、屏风，以及天花、地面的局部装饰。其构造形式可根据设计要求和不同的使用功能而定，通常采用普通平板玻璃或以平板玻璃加工而成的各类艺术玻璃，特殊空间或部位可用安全玻璃或节能玻璃。

① 玻璃隔墙（隔断）与木基层结合的构造，是在墙面或地面、天棚弹出隔墙（隔断）位置线，用木材作边框，并固定于位置线上。木框的四周或上、下部位应根据玻璃的厚度开槽，槽宽应大于玻璃厚度3～5mm，槽深8～20mm，便于玻璃膨胀伸缩。随后即可把玻璃放入木框槽内，其两侧木框缝隙应基本相等，并打入玻璃胶，钉上固定压条，待胶凝固后，即可把固定压条去掉。另外木框四周或上、下部位也可不用开槽，直接把玻璃放入木框内，用木压条或金属条于两侧固定。

② 这里介绍玻璃隔墙（隔断）与金属框架结合的构造。金属结构玻璃隔墙（隔断），一般采用铝合金、不锈钢、镀锌钢材（槽钢、角钢）制作框架安装不同规格和厚度的玻璃。玻璃与金属框架装配时，所用金属型材的大小、强度，

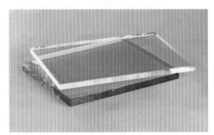

图5-139 普通平板玻璃

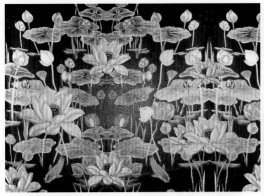

图5-140 艺术玻璃

图5-141 钢化玻璃

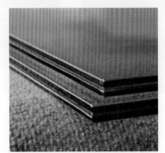

图5-142 夹层玻璃

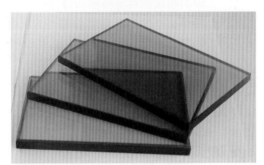

图5-143 吸热玻璃

图5-144 热反射玻璃

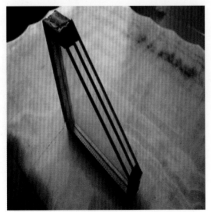

图5-145 双层中空玻璃

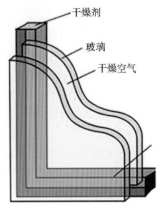

干燥剂

玻璃

干燥空气

图5-146 中空玻璃构造示意图

图5-147 空心玻璃砖

应根据隔墙(隔断)的高度、宽度以及玻璃的厚度计算出金属框架的荷载强度。金属框架尺寸应大于玻璃尺寸3~5mm,安装时应在金属框的底边放置一层橡胶垫或薄木片,然后把玻璃放在橡胶垫或薄木片上,用金属压条或木压条固定,其缝隙用玻璃胶灌注固定。

③ 空心玻璃砖砌墙的构造,可分为砌筑法和胶筑法两种。砌筑法构造法比较陈旧,施工工序多。胶筑法构造方法比较先进,施工方便简单。

施工前应根据设计要求,计算出空心玻璃砖的数量和排列次序,并在地面弹线,做基础底脚,空心玻璃砖对缝砌筑的缝隙间距一般为5~10mm。

A. 玻璃砖砌筑施工法:用1:1的白水泥和细砂加入适量乳胶溶液的混合砂浆砌铺。砌铺时每块空心玻璃砖都应加配十字固定件。十字固定件起到连接与加固的作用,它的尺寸应小于空心玻璃砖的四周凹形槽。砌筑完毕后,进行勾缝清洁处理。

B. 玻璃砖胶筑施工法:所用粘结剂由水泥浆改用大力胶,其他构造方法与砌筑法相同。

四、裱糊类墙体的饰面及基本构造

裱糊类饰面是采用粘贴的方法将装饰纤维织物覆盖在室内墙面、柱面或天棚的一种饰面做法。装饰纤维织物是指以纺织物和编织物为面料制成的墙纸、墙布,其原料可以是丝、羊毛、棉、麻、化纤、塑料等,也可以是草、树叶等天然材料。墙纸、墙布种类很多,墙纸基材有塑料基、纸基、布基、石棉纤维基、玻璃纤维基等。表面工艺有印刷、辊轧、发泡、浮雕等。

1. 裱糊类墙面的种类

（1）塑料墙纸

塑料墙纸以优质木浆或布为基层,聚氯乙烯(PVC)塑料或聚乙烯为涂层,经压延或涂布以及印花、压花或发泡等工艺制成。一般材质的PVC塑料墙纸不环保,所以逐步被一些无公害、无毒、无环境污染的、能以生物降解的PVC"环保"墙纸所取代。

塑料墙纸应用最为广泛,有普及型塑料墙纸、发泡型塑料墙纸等。塑料墙纸有一定的抗拉强度、耐湿性、耐裂性和耐伸缩性。表面几乎不吸水,可擦洗、耐磨、耐酸碱、抗尘、防霉、防静电,并有一定的吸声隔热性能。塑料墙纸基本可适用于所有室内空间的天棚、墙面、梁、

柱等部位的装饰。(图5-148、图5-149)

塑料墙纸的规格品种按生产工艺可分为单色印刷(花)墙纸、多色印刷(花)墙纸、压(轧)花墙纸、发泡墙纸、纸基涂布乳液墙纸等。按基材分有纸基PVC墙纸、化纤基PVC墙纸。常用规格为幅宽530～1400mm，长度为10m、15m、30m、50m等。

（2）织物墙纸

织物墙纸是用丝、毛、棉、麻等天然纤维，织成各种花色的粗细纱或织物，再与纸基经压合而成。织物墙纸质感温暖、绚丽多彩、古雅精致、色泽自然，并且无毒、无静电、耐磨、强度高、吸声透气效果好。属于高级饰面材料，适用于高级宾馆、饭店、剧院、会议室等空间。但织物墙纸不耐脏、不能擦洗、易霉变，且裱糊时会渗胶。(图5-150)

（3）金属墙纸

金属墙纸是以金属箔为面层、纸(布)为基层，具有不锈钢、金、银、铜等金属的质感与光泽，表面可印花、压花。具有经久耐用、耐擦洗、耐污染等优点。它适用于室内高级装饰及气氛热烈场所的装饰。(图5-151)

2. 裱糊类墙面工艺流程

裱糊类墙面对基层要求很高，必须平整、光洁、干燥。裱糊类材料可直接裱糊在墙面上，也可以裱糊在木板、石膏板、金属板等材质做成的基层上。(图5-152)

（1）基层表面处理

① 水泥基体墙面：用水泥砂浆填平墙体表面的凹坑、裂缝等部分，使墙面基层平整、无

图5-148 普及型塑料墙纸

图5-149 发泡型塑料墙纸

空鼓。

② 木板、石膏板墙面：用防锈漆点补钉眼，防止钉子在刮腻子灰后出现锈斑。然后将嵌缝膏抹平基层板表面的接缝、钉眼等不平之处。等嵌缝膏固化后，将接缝纸带粘贴在缝隙处，防止墙纸裱糊好后，其面层开裂。

（2）刮底灰

刮底灰是用于大面积的找平，以及防止基层板翻色。用石膏粉或白水泥加腻子胶水及

图5-150 织物墙纸

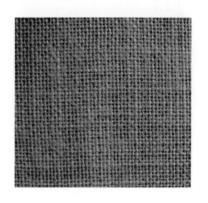

适量的乳白胶作底灰。

（3）满刮腻子

根据基层表面的平整度，通常刮2至4遍腻子灰，每一遍之间必须凝固干透并用细砂纸磨平。刮腻子应使其他表面平整、光洁，并有足够的强度来满足墙纸的粘贴。

（4）涂刷防潮材料

用专用的墙纸基膜满刷墙面。涂刷防潮层是为了封闭底层，防止墙纸受潮脱落以及腻子膏发黄变色。

（5）弹线定位

根据墙纸尺寸，在墙面所要粘贴的第一幅墙纸处弹出水平和垂直线，作为裱糊时的基准线，以保证墙纸粘贴后的花纹、图案、色彩保持连贯。

（6）涂刷底胶

涂刷底胶是为了增加墙纸的黏结度，墙体基层的表面与墙纸同时进行。

（7）裁剪、预拼

图5-151 金属墙纸

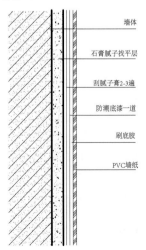

图5-152 墙纸裱糊的基本构造示意图

根据设计要求和墙纸的花型、图案、色彩以及背面符号进行裁剪、预拼、试贴、编号。通过墙纸背面的符号，可以了解此种墙纸的基本性能特点和施工方法。

（8）拼贴墙纸

先将裁剪好的墙纸浸入清水中3~5分钟，取出后将水抖掉（或是在墙纸背面喷刷清水，也可将墙纸在清水中快速卷一遍），然后根据基准线，将墙纸裱糊于基层上。墙纸应先垂直裱湖，并注意对花和拼缝。然后再用刮板将墙纸刮压平整，同时裁去多余部分墙纸，最后用湿毛巾将溢出的胶水擦净（图5-153）。

（9）修整表面

墙纸裱贴完毕，应严格检查拼贴质量，如有鼓泡现象，可用钢针在鼓泡处轻戳几下，或用刀片顺墙纸花形纹理方向切割小口，用刮板将空气挤出。

五、喷涂类墙面的饰面及基本构造

喷涂类墙面通常是指用涂料经喷、涂、抹、刷、刮、滚等施工手段对墙体表面进行的装修，是一种应用极为广泛的装修饰面形式。它和其他墙面构造技术相比，虽然不及墙砖、饰面石材、金属板材等经久耐用，但是它是最简单、工期短、工效高、作业面积大、造价低的一种构造方式。

涂料涂敷于物体表面能形成连续的薄膜，对物体起保护、装饰或其他特殊的作用。早期的涂料，大都是以植物油如桐油、亚麻红油、豆油、蓖麻油等天然漆为基本原料炼制而成，因而人们也习惯将涂料称为油漆。随着石化工业的发展，各种合成树脂和溶剂、助剂的相继出现，以天然树脂类为原料的涂料已大部分或全部被人工合成树脂有机溶剂所代替，因而油漆准确地说，应该称之为有机涂料。但人们习惯上仍称有机涂料为油漆，把乳液型涂料称为乳胶漆。（图5-154）

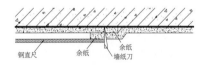

图5-153 墙纸重叠对花裁割示意图

1. 油漆饰面常用的装饰材料

油漆品种极其繁多,功能各异,不同油漆的组成成分也各不相同。油漆能将物体与空气、阳光、水分以及其他腐蚀性物质隔离开,起到防腐、防潮、防锈、防霉、防虫等作用。同时油漆涂敷于物体表面所形成的漆膜有一定的强度、硬度和弹性,可减轻外力对物体表面的摩擦和冲击,起到对物体的保护作用。油漆漆膜光洁美观,有透明漆与色漆。透明漆可呈现物体自身的纹理、色泽和质感。色漆色彩鲜艳而多变,涂装在物体表面,可以改变物体固有的颜色,起到美化装饰的作用。不同类型油漆的性能各异、用途不同,主要分为以下七类产品:

图5-154 天棚乳胶漆饰面及家具和墙面木作的透明油漆饰面

(1)油脂漆类

油脂漆是用干性或半干性植物油,经熬炼并加入催干剂调制而成,可作厚漆、防锈漆调配的主料,也可直接单独使用。具有装涂方便、渗透性好、造价低等优点。但油脂漆的涂层固化较慢,漆膜柔软发粘,强度差。

(2)天然漆类

天然漆又叫土漆、中国漆,是将天然漆树上取得的汁液,经部分脱水过滤而得到的棕黄色粘稠液体。天然漆具有漆膜坚固耐用、富有光泽、不裂不粘、耐磨、耐水、耐酸、耐腐蚀、绝缘、与基底结合力强等优点。缺点是粘结度强而不易施工、工序繁杂、漆膜固化慢且有毒性,大多用于家具、工艺饰品。天然漆分生漆、熟漆和广漆。

(3)醇酸树脂漆类

醇酸树脂漆是用干性油和改性醇酸树脂为主要成膜物质调制而成。它的漆膜干燥快、硬度高、绝缘性好,其附着力、光泽度、耐久性均比酚醛漆强。醇酸树脂漆不适合用于室外,而广泛用于室内门窗、家具、木地板、金属等。醇酸树脂漆包括清漆与色漆两部分。

(4)硝基漆类

硝基漆又叫喷漆,是以硝化棉为主要成膜物质,加入合成树脂、增塑剂、稀释剂调配制成,分清漆和厚漆两部分。硝基漆是一种高级涂料,是通过溶剂挥发达到干燥,具有干燥快、漆膜坚硬、发亮、耐磨、耐久等优点,广泛应用于高级建筑中门窗、家具、扶手、地板、金属等的装饰。

(5)聚酯漆类

聚酯漆是以不饱和聚酯为主要成膜物质,有透明清漆和色漆之分,是一种高级装饰材料。这种漆光泽度高且有保光性,具有耐磨、耐久、耐热、耐寒、耐酸碱等优点,聚酯漆干燥迅速,漆膜坚硬而丰满厚实,适用于室内外门窗、家具、木器、金属等表面涂装。聚酯漆分双组分和三组分,主要由漆、稀释剂、固化剂组成。

(6)新型环保漆类

新型环保漆是油漆中的一个全新品种,它无毒、无挥发性溶剂、无刺激味,不污染环境,并且对人体无害,可用水稀释。同时它的漆膜丰满、透明清澈、耐磨性好、施工安全方便。

(7)真石漆类

真石漆是用天然花岗岩、大理石及其他石材,经粉碎成微粒状,并配以特殊树脂溶液结合而成。真石漆广泛用于室内外天棚、墙面、柱面等部位的装饰装修,它的质地如石头般坚硬,具有抗老化、耐候、耐火、耐水、无毒、不褪色、抗酸碱侵蚀、易清洗等优点,也可根据设计要求喷出各种花纹图形,具有立体感强、稳重

大气、真实自然的石材特征。(图5-155)

2. 油漆饰面的基本构造

室内装饰装修工程中,油漆主要用于饰面处理,油漆饰面分为透明漆涂饰和色漆涂饰两类。

（1）透明漆涂饰施工工艺

透明漆又称为清漆,常用于室内木质材料的饰面处理,如木质家具、木质吊顶、木质墙面、木地板等。它能够保留木材的天然纹理,而且通过某些特殊的方法、工序可改变木材本身的颜色、纹理。

① 基层处理:将木材表面的污尘清除干净,然后用砂纸打磨除去木毛屑,使其表面平滑。如果木材表面色差过大,应对木材表面深色部位进行漂白脱色处理,使其颜色均匀一致。

② 着色封底:调制与木材相同颜色的腻子,嵌补木材上的钉眼、裂缝等缺陷,等腻子干燥后用细砂纸打磨平整,常用腻子有水性腻子、胶性腻子和油性腻子。为了改变或统一木材颜色,以体现某种色调为主的装饰效果,可采用水色、酒色等方式对木材表面进行着色处理。

③ 透明面漆涂饰:经过着色封底的木墙面、木天棚、木家具、木线条等表面,应涂刷透明面漆来完成饰面装饰。

A. 配漆:不同产品的透明漆可根据产品说明调配其比例,配方各不相同,依照具体情况进行配制。配制时应搅拌均匀并静置5分钟方可使用。涂刷每遍漆的配制比例都不相同,通常工序越靠后的涂刷,面漆越少而稀释剂越多。

B. 涂刷面漆:面漆施工的常用方法有手工涂刷和机器喷涂。面漆一般应连续涂刷3~4遍,每遍间隔的具体时间可根据产品而定,通常为1~12小时。

④ 修饰漆膜:面漆漆膜应保持均匀、厚薄一致,在饰面漆膜上进行打蜡抛光处理,可使漆膜更加光亮平滑。

（2）色漆涂饰施工工艺

色漆可遮盖并改变物体固有的颜色、纹理、缺陷等,其表面色泽即为色漆的漆膜颜色。色漆的配制已在工厂完成,同时也可以根据设计要求进行自行配制。

① 色漆的配色:原理与色彩配色原理相同,配制色漆必须使用同类油漆和相应的稀释剂。

② 基层处理:首先将木材及其他材质物体表面的污尘、斑点、油污及胶迹清除干净。并用腻子填补物体表面的裂缝、钉眼、凹凸不平等缺陷,然后用砂纸将物体表面打磨平整。

③ 刮腻子:先将局部或满刮腻子2~3遍,用水砂纸打磨平滑,局部不平处可用腻子点补多次。腻子可用相同类型清漆和色漆配制。

④ 涂刷底漆:一般用白色或浅色作底漆,通常涂刷1~3遍。底漆涂刷应薄而均匀,待每遍漆干燥硬化后,用300~800号水砂纸湿磨。

⑤ 涂饰面漆:可根据具体情况涂刷2~5遍,前两遍涂刷完成后,用相同颜色腻子点补,然后用300~1000号水砂纸湿磨。

⑥ 修饰漆膜:面漆涂刷完成后,如有局部发花、流挂、表面颗粒等现象,可用800号以上的水砂纸湿磨,使其平整光滑后再涂刷面漆,

图5-155 真石漆

最后进行打蜡抛光处理。

（3）真石漆构造做法

真石漆属喷涂类的装饰材料，施工中需使用气泵将真石漆喷涂在物体表面上。它由底漆、中漆和透明面漆三种材料组合而成。

① 基层处理：基层必须坚实、干燥、无油污、无浮灰、无空鼓。基层可是水泥砂浆、混凝土、砖体基层，也可是各种木质、石膏板基层。

② 涂刷底漆：在清理干净的基面表面喷底漆 1～3 遍，每遍间隔时间为 4～8 小时。

③ 造型分格线：按设计要求，在基面上弹出各种造型分格线，再用胶带遮挡造型分格线，确定线型形状和尺寸。

④ 喷涂骨料：把搅拌好的骨料喷涂于基层上，骨料一般两遍完成，喷涂厚度根据造型面的要求通常为 3～100mm，喷涂时要求厚薄保持一致。

⑤ 去除造型胶带：真石漆喷涂完成后，撕去造型分格胶，注意不得影响真石漆表层。

⑥ 喷涂面漆：真石漆完全硬化后，全面喷涂透明面漆 2～3 遍，养护 24 小时即可。

3. 常用的内墙涂料

涂敷于建筑物表面的涂料称为建筑涂料。与其他饰面材料相比具有重量轻、色彩鲜明、附着力强、施工简便、省工省时、维护更新方便、价廉质好，以及耐水、耐污染、耐老化等优点，是一种广泛使用的装饰装修材料。

由于建筑涂料品种繁多，室内装饰中以合成树脂乳液内墙涂料最为常见。内墙涂料外观光洁细腻，颜色丰富多彩，耐候、耐碱、耐水性好，不易粉化，涂刷方便，是现代室内装饰天棚、墙面的主要用材之一。

合成树脂乳液内墙涂料又称乳胶漆，是指以合成树脂乳液为主要成膜物质，加入适量的填料、少量的颜料和助剂，经混合、研磨而得的薄质内墙涂料，分面漆和底漆。乳胶漆的类型很多，主要品种有聚醋酸乙烯乳胶漆、丙烯酸酯乳胶漆、聚氨酯乳胶漆等。它们具有涂膜光

图5-156 丝光内墙乳胶漆装饰的墙面和天棚

滑细腻、透气性好、无毒无味、防霉、抗菌、耐擦洗性能强的特点，适用范围广泛。

（1）丝光内墙乳胶漆

丝光内墙乳胶漆以优质丙烯酸共聚物或醋酸乙烯共聚物为主材，配以无铅颜料和抗菌防霉剂调制而成。其特征为外观细腻，涂膜平整，质感柔和，手感光滑，有丝绸的质感。同时具有耐碱、耐水、耐洗刷、附着力场强、涂膜经久不起鼓剥落等特点。丝光内墙乳胶漆分有光和亚光系列，广泛用于各种建筑物内墙、天棚装饰。（图5-156）

（2）水溶性内墙涂料

水溶性内墙涂料是以水溶性合成树脂聚乙烯醇及其衍生物为主要成膜物质，加入适量颜料、助剂研磨而成。水溶性内墙涂料施工工艺简单、价格便宜，有一定的装饰性。适用于普通室内墙面、顶棚的装饰，属低档涂料。水溶性内墙涂料主要分为聚乙烯醇水玻璃内墙涂料和聚乙烯醇缩甲醛内墙涂料两大类。

（3）质感内墙涂料

质感内墙涂料又叫厚质涂料，由底涂、中涂和面涂构成。其主要骨料采用天然矿物质制成，可用水直接稀释，有较高的环保性能。通过不同工具可创造出变幻无穷的艺术图案，质感内墙涂料富有极强的动感和立体感，是现代建筑内墙装修较为新颖的一种装饰材料。（图5-157）

室内设计

（4）浮雕喷塑内墙涂料

浮雕喷塑内墙涂料,由底涂层、主涂层、面涂层三层结构组成。涂膜花纹呈现凹凸状,富有立体感。适用于室内外墙面、顶棚的装饰,具有较好的耐候性、保色力、耐碱性和耐水性。浮雕喷塑内墙涂料和质感内墙涂料有许多相似之处。(图5-158)

六、踢脚板的装饰材料及基本构造

踢脚板又称为脚踢、踢脚线或地脚线,是墙面和楼地面相交处的一个重要构造节点。踢脚板具有保护墙面、掩盖墙面与楼地面的接缝和美化装饰等作用。除特殊设计要求外,踢脚板的高度一般为50～150mm。

踢脚板的线型应同室内整体风格一致。其中,木质踢脚板由于适应范围广、可加工性强、施工方便等优点而得到广泛应用。踢脚板的构造方式有与墙面相平、凸出、凹进三种(图5-159)。踢脚板按材料和施工方式分有抹灰类踢脚板、铺贴类踢脚板。

木质踢脚板构造简单,多用墙体内预埋木砖,用铁钉来固定。为了避免受潮反翘,在靠近墙体一侧做凹口。

抹灰类踢脚板做法主要有水泥砂浆抹面、现浇水磨石、丙烯酸涂料涂刷等,其做法与楼地面相同。当采用与墙面相平的构造方式时,为了与上部墙面区分,常做10mm宽凹缝。其构造做法如图5-160所示。

铺贴类踢脚板常用的有预制水磨石踢脚板、陶瓷砖踢脚板、金属踢脚板、石材板踢脚板等。其构造形式多样,如图5-161～图5-163所示。

图5-157 质感内墙涂料

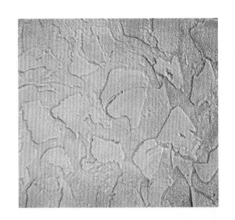

图5-158 浮雕喷塑内墙涂料

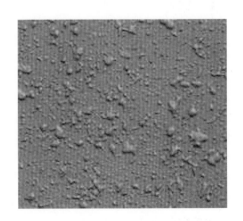

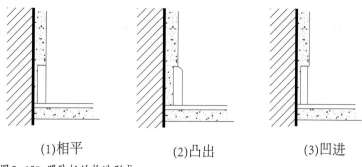

(1)相平   (2)凸出   (3)凹进

图 5-159 踢脚板的构造形式

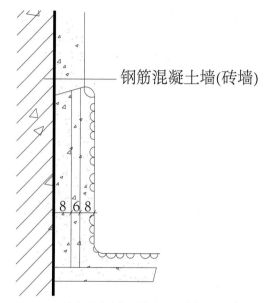

钢筋混凝土墙(砖墙)

图 5-160 抹灰类踢脚板的构造做法(单位:mm)

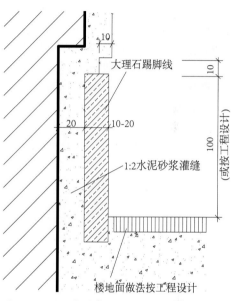

大理石踢脚线

1:2水泥砂浆灌缝

楼地面做法按工程设计

图 5-161 铺贴类踢脚板的构造做法(单位:mm)

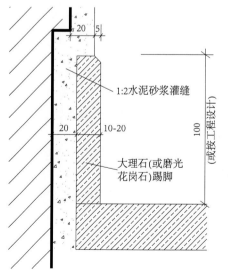

1:2水泥砂浆灌缝

大理石(或磨光花岗石)踢脚

图 5-162 铺贴类踢脚板的构造做法(单位:mm)

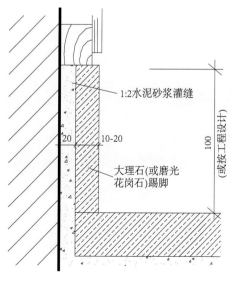

1:2水泥砂浆灌缝

大理石(或磨光花岗石)踢脚

图 5-163 铺贴类踢脚板的构造做法(单位:mm)

第六章 室内色彩设计

在室内环境中,人们生活中接触频率最高的就是室内的色彩。室内空间色彩运用多种空间、多种变化、多种组合方式来设计。色彩的设计既要考虑使用功能的支配,又要考虑对比与调和,还有室内光线、材料、家具、人为等综合因素。只有把握好这些因素,才能营造出更加人性化的空间,为人们创造一个愉悦身心、舒适享受、富有情趣的生活或工作环境。解析室内设计艺术的色彩应用,使人们意识到自身生存空间的重要性,人们开始注重室内空间设计,并用各种内容来装扮室内空间。单纯的色彩来源于大自然,并且色彩能赋予室内空间最奇妙的感觉。室内设计师要善于利用不同的色彩搭配效果装点精彩的室内空间,营造出不同的生活情调。(图6-1)

图6-1 室内色彩的对比与调和

第一节 室内色彩的设计依据及原则

一、室内色彩的概念

色彩是室内设计艺术中最具感染力的内容,人们会通过视觉上的感受产生丰富的联想、形成深刻的象征和寓意。色彩在室内设计艺术中的目的在于使人们感到舒适,因此,应根据不同人群的需求,既满足功能要求,又满足精神要求,表现出人文关怀,使室内设计艺术丰富多彩。

室内色彩设计的基本任务,就是根据色彩基本要素,运用对比统一的规律并结合其他设计要素,创造出优美、实用、舒适的室内环境。一个好的色彩设计可以明显地提高室内环境的质量,因而人们称色彩为"最经济的奢侈品"。色彩对于人的心理、生理等方面有着直接的、重要的影响,它的表达富有感情且变化多样,能让人产生大小、轻重、远近、冷暖、明暗等视觉感受,能产生轻松、兴奋、欢乐、紧张、焦虑等心理效果,色彩还能给人宁静高雅、古拙质朴、富丽华贵等整体感受。人们对感觉色彩的过程,是一个微妙而复杂的过程,它能通过人们的感知、印象产生相应的心理影响和生理影响。在室内设计中,如果我们能巧妙地利用色彩的影响因素,往往会有意想不到的效果,能创造出和谐舒适、充满情调的室内环境。

二、室内色彩的作用

随着现代色彩学的飞速发展,人们对色彩功能的了解和认识不断加深,色彩在室内设计中已处于举足轻重的地位。色彩既有审美作用,也有调节空间感、室内温度、心理、空间氛围等作用。室内色彩的运用能左右人们的情绪,在一定程度上影响着人们的行为活动。完美的色彩设计可以更有效地发挥空间的使用功能,提高人们工作和学习的效率。设计师应注重色彩在室内设计中对人的生理和心理所产生的作用,利用人们对色彩的视觉感受,来创造层次分明、富有个性、充满情调的室内环境,达到舒适宜人的效果。

室内的视觉感受可以随着颜色搭配方式的不同而变幻不一。在设计过程中采用不同的色彩方案主要是为了改变人对室内视觉的感受,包括温度感、重量感和尺度感。不同波长的色光信息作用于人的视觉器官,如冷暖、远近、轻重、大小等感觉,通过视觉神经传入大脑后,经过思维的过滤,以及个人的经历和回忆,形成人的一系列心理反应。

1. 调节室内的空间感

（1）距离感

色彩的空间感在居室布置中的作用是显而易见的,运用色彩的调节能够改变室内空间的面积或体积的视觉感,改善空间的不适尺度,调节空间比例。室内的色彩因明度不同,可以造成不同的空间感,明度高的暖色有突出、前进的感觉,产生前进、凸出的视觉效果,使人联想到白云、花卉等,产生轻柔、飘浮等感觉;明度低的冷色有凹进、后退的感觉,产生低凹、远离的视觉效果,使人联想到金属、大理石等物品,产生沉重、稳重等感觉。室内设计中常利用色彩的明度特点去改变空间的大小和高低。如在空间狭小的房间里,用可产生后退感的颜色,使墙面显得更遥远,增加居室的开阔感。如果在一个狭长的空间,如果顶棚采用强烈的暖色调,两边墙体采用明度高的冷色调,就可以弥补这种狭长感,适当把空间感拉宽。再如,室内空间过于空旷时,在设计时就应使用暖色调,不但可以使房间变得温馨平和,还可以提高居室主人的亲切感,增加良好的心情。

（2）温度感

色彩本身并无冷暖的温度差别,但因为它所产生的效应人们常把色彩其分为热色、冷色和温色,热色如红、紫红、橙、黄至黄绿;冷色如青紫、青至青绿色;温色是混合色。比如寒冷地区可以降低明度,选择红、黄等颜色增加色温;温暖地区可以选择蓝绿、蓝、蓝紫等颜色使其降低色温。因此,要因地制宜,根据所在地区的常态来选择合适的色彩方案。视觉色彩还会引起人们对冷暖感觉的心理联想,如见到红、橙、黄等色后,马上联想到太阳、火焰、红旗等物象,产生温暖、热烈等感觉;看见到蓝、紫、绿等色后,则马上联想到太空、森林、海洋、田野等物象,让人产生理性、宁静等感觉。

（3）尺度感

色彩还可以表现出物体大小。利用浅黄色、乳白色、浅粉色等这些暖色会使物体显得大,而黑色、深蓝色、深灰色则会使物体在视觉上变小。物体的大小和整个室内空间的色彩处理有密切的关系,可以利用色彩来改变物体的尺度,暖色和明度高的色彩具有扩散作用,显得物体增大,冷色和暗色则具有收缩作用,显得物体缩小。体积和空间感也可以用不同颜色的明度和冷暖对比显现出来,协调室内各部分的尺度关系。

颜色的这些特殊属性也可以改变室内空间本身的视觉尺度以及家具大小等。比如,室内空间里出现的房梁等支撑点过大时,就应该采用深色系列将其在视觉上缩小,从而抵消它们的粗重感,进行美化。在室内设计艺术中,设计师们喜欢使用色彩的明度和纯度来体现出物体的尺度感,合理使用这些色彩,就能使室内的各种物体比例和尺度协调有序。

2. 调节人的心理感受

色彩心理学家认为,色彩是一种刺激的信息,不同颜色对人的情绪和心理的影响不同。如果高纯度的色相对比过多,会使人感到刺眼,产生烦躁的情绪;若色彩对比较少,会使人感到空虚,过于冷清。心理学家认为,色彩的美感能提供给人精神、心理方面的享受,直接诉诸人的情感体验。比如,看到蓝色时人们也许会联想到水和天空,可减缓心律、调节平衡、消除紧张情绪;米色、浅蓝、浅灰有利于安静休息和睡眠;白色可使高血压患者血压降低,心平气和,易消除疲劳。这是人们根据自己的生活经验、知识或记忆而产生的。因此，设计师不仅要根据使用者的性别、年龄、性格、文化程度和社会阅历等，设计出适合居住者的色彩，还要根据各个房间的使用功能进行合理搭配，达到视觉上和精神上的满足，以调整心理的平衡，这样才能营造良好的居住环境。

3. 表达人的性格特征

不同性格的人有着不同的色彩感觉。色彩可以体现一个人的性格，一般来讲，性格开朗、热情的人，喜欢室内用暖色调；性格内向、平静的人，喜欢室内用冷色调。喜欢浅色调的人多半直率开朗；喜欢暗色调、灰色调的人多半深沉含蓄。人们对色彩表现出的好恶，常因其生活经验、民族习惯、年龄、素养以及关于色彩引起的联想等形成。

现代人也喜欢根据自己对颜色的感觉来选择居室色调，给自己的房间选择一个能表现独特个性的颜色。比如，喜欢红色的人性格大多开朗活泼，他们在室内设计上的色彩要求比较注重外表修饰。天花板可以采用热烈的颜色，再配以明亮的吊灯，地面采用具有反光材质的地板，色与形互相辉映。但为避免过于夸张，可以在墙面或家具上采用一些中间色，如采用暗灰色与亮灰色来缓冲强烈的气息。又如，白色包含多种含义，它既可代表高尚、纯洁，又充满幻想。性格开朗、讲究洁净的人喜欢将他们的居室墙面刷成白色，并喜欢大的阳台和大大的透明玻璃窗，家具全部都采用原木色或柔和的浅色，让室内明亮、清澈。再如，喜欢黄颜色的人通常性情比较平和，因此经常会把他们的居家环境设计成休闲随意、自在简洁的色彩。还有紫色色调典雅优美，喜欢紫色的人比较感性，通常喜欢将自己的室内环境设计得浪漫清雅，如地毯用淡紫色，窗帘可选用整个颜色都是淡玫瑰色的柔软布料，沙发可以选深一些的紫色，在茶几上放一些绿色的盆栽，能得到雅致优美的感受。

三、室内色彩设计的依据

1. 空间的使用目的

由于空间具有不同的使用目的，营造出氛围也不同，所以对色彩的选择也不尽相同。如办公空间应选择偏冷的色彩以表现其严肃而统一的特点；商业空间可根据所经营商品的特点来选择丰富多彩的暖色调；医院则应选择肃穆、恬静、明度偏高的色彩。所以，在考虑色彩时要求符合空间的使用目的。

2. 空间的方位

空间内的不同方位在自然光线作用下的色彩不同，冷暖感也会有差异。比如，朝北的房间常有阴暗沉闷之感，可采用使室内光线明快的暖色，给人以温暖的感觉；朝南的房间日照充足光线明亮，可采用中性色或冷色；迎光面的整个房间以冷色调为宜，使用明度偏低的冷色，可以中和自然光线对它的影响。

3. 空间的使用周期

不同的工作空间使用周期不一样，要求必须有不同的视觉条件，如学校的教室、工业生产的车间、商业经营的场所的视觉条件要求各不相同，室内色彩设计应与之相适应，才能提高效率，达到安全舒适的目的。长时间使用的房间的色彩，应对其色相、明度、对比等考虑周密仔细，因为长时间的视觉色彩对人们产生的作用比短时间使用要强得多。比如，过去医生和护士的服装统一为白色，由于单一色彩的长时间作用容易造成人们的视觉疲劳，人们需要交替观看不同的颜色，才能最大限度地减轻视觉疲劳，所以，有了后来医院员工服的浅蓝、粉红、淡绿等颜色。设计师要根据空间使用的周期长短，利用色彩对人眼进行必要的调节，使人们在活动中感到舒适，不易疲劳。

4. 空间的使用者

色彩的选择应适合居住者的爱好，不同的年龄阶段对色彩的喜好和要求有区别。比如，女孩子的房间可大量运用粉红系列的色彩，像童话故事一样纯真、浪漫；男孩子的房间可选用天蓝色系列的色彩，像太空海洋一样梦幻。再如，青年人喜欢鲜艳的色彩，适合对比度较大的色系，让人感觉到时代的气息与生活节奏的快速；老年人则喜欢沉稳大方的颜色，沉稳的色彩也有利于老年人身心健康；青年人和中老年人生活经验和知识结构不同，对审美的需求也不一样，因此对空间色彩的选择要有针对性。了解使用者的喜好,在符合色彩搭配原则的前提下,应尽可能地满足不同使用者的爱好和个性,才能符合使用者心理要求,与之产生共鸣。

四、室内色彩设计的原则

据调查统计,人进入室内空间的第一印象就是对色彩的感觉,然后才开始理解形体。所以,色彩是室内装饰设计不能忽视的重要因素。在室内设计中,它起着创建或者改变某种格调的作用,会给人带来视觉上的差异和艺术上的享受。在符合色彩功能要求的原则下,设计师可以充分发挥色彩在构图中的作用,在设计的过程中要遵循一些基本的原则,这些原则可以使色彩更好地与整体空间设计相贴合,达到最高的境界。

1. 符合协调统一的规律

室内环境的色彩设计在使用时可根据环境不同灵活运用,要正确处理协调和对比、统一与变化、主体与背景的关系。首先,要定好空间色彩的主色调,室内色彩的主色调在空间中起主导作用。其次,在室内环境中,各种色彩在空间中相互作用,如何协调是创造室内空间气氛的关键。色彩的统一是指色彩三要素(色相、明度和纯度)之间相互靠近,形成的一

种整体感;色彩的对比是指色彩明度与彩度的距离疏远。在室内装饰中采用过多的对比,则使人眼花而不安,甚至带来过分刺激感。缤纷的色彩给室内设计增添了各种气氛,和谐是控制、完善与加强这种气氛的基本手段,一定要认真分析协调与对比的关系,才能使室内色彩更富于诗般的意境与气氛。(图6-2)

因此,色彩的协调是在对比中的协调、在协调中的对比,这里包括冷暖对比、明暗对比和纯度对比。室内设计中色彩的和谐性就如同音乐的节奏与和声,如在一些现代室内设计中,借鉴了中国古代建筑上的藻井、彩画等的配色方法,运用了高彩度、多色相用强烈色彩对比的手法,再加入金、银等中性色后进行调和,使色彩富丽华贵又不感觉纷乱。

2. 符合人对色彩的感情规律

不同的色彩会给人心理带来不同的感觉,在确定空间与陈设的色彩时,要考虑人们的感情色彩。人们对色彩的印象是相当主观和情绪化的,对色彩的情感反应因性别、年龄、文化程度以及心理状态的不同而存在差异。明亮的暖色,如白色和其他纯色组合时会使人感到活泼;深暗色,如黑色则给人忧郁感,这种心理效应可以被有效地利用。比如,自然光不足的房间,墙壁使用明亮的颜色,不仅能提高光感,

图6-2 室内空间整体统一的色调

图6-3 色彩较鲜艳的适合儿童的室内空间

图6-4 色彩极为绚丽的娱乐场所

图6-5 统一的色调中又不失冷暖的对比

还会让人产生愉快的感觉。这就构成了整个房间色彩的基调，如家具、照明、饰物等色彩分布，再与主要的基调相协调。

因此，设计者应仔细研究客户对色彩的偏好和情感反应，根据不同人群采用不同的室内色彩。病人者可用橘黄、暖绿色，使其心情轻松愉快，忘却病痛；运动员适合浅蓝、浅绿等颜色可以缓解疲劳；军人可用明度高的色彩调剂军营的枯燥、单调的色彩等。(图6-3)

3. 符合室内空间的功能需求

室内色彩应满足功能和精神需求，目的在于使人们感到舒适。不同的空间有着不同的使用功能，色彩的设计也要根据各个空间的功能差异而作相应的调整。在功能要求方面，首先应认真分析每一空间的使用性质，如儿童、老年人、新婚夫妇的居室由于使用对象不同，使用功能有明显区别，那么在进行空间色彩的设计时就必须与之相呼应。

就人们的生活而言，室内是一个长久居住或工作的空间，所以长期使用的室内颜色对人们有着重要的影响。室内空间可以利用色彩的明暗度来创造气氛。使用高明度色彩可获温暖人心的气氛；使用低明度的色彩，则给予人一种"私密性"。如办公、居住空间等这些空间的色彩常常使用纯度较低的各种灰色，可以获得一种宁静、柔和、舒适的空间气氛。商业空间则常常采用纯度较高的鲜艳色彩吸引人们的眼球，获得一种欢快、活泼的空间气氛。(图6-4)

4. 室内外色彩相协调

室内与室外环境的空间是一个整体，室外色彩与室内色彩相应地有密切关系，他们不是孤立地存在的。在室内，色彩光的反射可以影响室外的颜色。同时，不同的环境下，光线通过室外的自然景物也能反射到室内来，色彩应与周围环境相协调。将自然的色彩引进室内，在室内环境中创建大自然的氛围，有效地加深人与自然之间的互动，让人们仿佛生活在所向往的大自然中。设计师常从动物、植物的色彩中取素材，仅从防火板系列来看，就有用仿大理石、仿花岗岩、仿原木等再现自然的方式，给人以一种亲切之感。另外，自然界中的树木、花草、水池、石头等也是点缀室内色彩的重要元素。这些自然物的色彩能可给人一种轻松愉悦之感，与人的审美情趣产生共鸣，同时也可让室内外空间相融合。室内色彩的起伏变化，应形成一定的韵律和节奏感，注重色彩的规律性，不能杂乱无章。(图6-5)

第二节　室内色彩的设计方法

一、色彩的配比协调问题

判断室内色彩效果优劣的根本标准是室内色彩设计的配比协调问题。色彩效果取决于不同颜色之间的相互作用。同一颜色在不同的背景条件下，其色彩效果可能完全不同，这取决于色彩特有的敏感性和依存性。因此，如何处理好色彩之间的比例协调关系是关键。

色彩协调的基本顺序是由白光光谱的颜色，按其波长从紫到红排列的。这些纯色彼此协调，在纯色中加进行等量的黑或白所区分出的颜色也是协调的，如果不等量就不协调。例如红色与棕色、米色和绿色不协调，绿和黄接近纯色，是协调的。在色环上处于相对地位并形成一对补色的那些色相是协调的。在室内色彩设计中运用近似协调和对比协调是常用的方法，近似协调能给人以和谐的平静感，而对比协调则是利用色彩之间的对比给人以兴奋的动态感。当我们注视红色一定时间后，再转视白墙或闭上眼睛，就仿佛会看到绿色。此外，在以同样明亮的纯色作为底色时，色域内加入一块灰色，如果纯色为绿色，则灰色色块看起来带有一些红色，反之则亦然。这种现象，前者称为"连续对比"，后者称为"同时对比"。一套理想的配色方案，取决于正确处理和运用色彩本身的性质以及它在各种环境下的统一与变化的规律。

此外，色彩与人的心理、生理有密切的关系。视觉器官按照自然的生理条件，对色彩的刺激本能地进行调剂，只有在色彩建立互补关系时，才能保持视觉上的生理平衡。如果我们在中间灰色背景上去观察某个中灰色的色块，就不会出现和中灰色不同的视觉现象。因此，中间灰色就是与人们的视觉平衡相适应而存在的，是考虑色彩平衡与协调时的客观依据。(图6-6)

二、室内色彩设计构图

室内物件的品种、材料、质地、造型，在空间中表现出多样性和复杂性。室内是空间、物体各种形与色的大汇合。室内色彩设计中不仅要考虑各部分自身的色彩秩序，而且要考虑各部分之间的总体秩序，将室内色彩统一起来。即需要处理好以下五个方面的关系：

1. 背景色
背景色是室内色彩设计中首要考虑和选择的问题，因为它所占面积大，并对墙面、地面、天棚以及室内一切物件起到衬托的作用。不同色彩在不同的空间背景下，所处的位置不一样，对空间感改变、心理知觉和感情效应会有很大的不同。如一种色相适用于地面，但当它用于天棚上时，则可能产生完全不同的效果。

2. 家具色彩
家具是室内陈设的主体，是表现室内风格和个性的重要因素，各类不同材料、造型的家具，如橱柜、床、桌、椅、沙发等，它们和背景色彩有着密切关系，常成为控制室内整体效果的主打色彩。

3. 织物色彩
室内织物在室内色彩中起着举足轻重的作用，和人的关系更为密切。它的材料、质感、色彩、图案多不一样，包括窗帘、帷幔、床罩、台布、地毯、沙发、椅垫等织物。织物可用于背景，也可用于点缀装饰。

4. 陈设色彩
陈设品虽然体积小，但常可成画龙点睛之笔。在室内空间中，灯具、电视机、电冰箱、热水瓶、日用器皿、工艺品等，常作为点缀色彩不可忽视。

5. 绿化色彩
绿化色彩对丰富和创造空间的意境、强化

图6-6 强烈的色彩对比不影响室内空间整体色调的协调

生活气息、柔化空间等有着特殊的作用。各种花卉、盆景、植栽等有着不同的色彩、情调和意蕴，并且和其他色彩容易协调。

三、背景色与物体色的关系

背景色一般是指地面、墙面、顶棚等大面积部分的色彩，对多种物体起衬托作用。物体色是指可移动的家具、陈设、生产性设备等中面积部分的色彩。根据色彩面积对比效应的原理，背景色以采用彩度较低的沉静色为宜。物体色可采用对比性较强的色彩，以表现主要物体。(图6-7)

四、基调色与重点色的关系。

室内地面、墙面、顶棚等通常形成室内的基本色调。重点色是为了突出和强调某一空间或物体的某一部分而采用的色彩，重点色通常为引人注目的强烈色彩。处理基调色与重点色的关系时，应有利于突出空间的主从关系、虚实关系，表现室内关系的整体感。(图6-8)

五、固有色与条件色的关系

室内环境中的建筑构件、家具、设备、陈设、织物等色彩部件自身都有固有色，而它们受到一定的光照及环境色彩的反射，所呈现出来的便是条件色。在室内环境中光源越强，条件色越明显，空间的色调也就越统一。(图6-9)

图6-7 售楼部设计方案

图6-8 招商楼设计方案

图6-9 强烈的条件色影响着空间环境的色调

第七章 室内照明设计

第一节 照明的基本概念

照明是指利用自然光或者人工光等各种光源照亮工作、生产、生活场所以及个别物体的措施。利用太阳光和天空光的称作"自然采光",利用人工光源的称为"人工照明"。照明的重要作用是创造良好的可见度和营造自然舒适的工作、生活环境。

照明可利用人工光或自然光提供给人们足够的照度,也可提供良好的道路照明、广告标示、建筑照明等,同时可创造自然舒适的光源环境,如住宅照明等,也可营造舞台照明等特殊的氛围,还可满足医疗、植物栽种等其他特殊场所对光源的需求。

室内照明设计是利用各种材质的材料制成照明工具与设备,根据不同的需求利用光的方向与性能来分配光源的强度与照度。是对各种建筑环境的色温、照度、显色指数等进行专业的研究与设计。它不仅要满足室内采光的需要,还要起到烘托环境氛围的作用。照明设计应以人为本,更加注重人性化,因此应首先考虑其安全性和实用性,减少对人体的危害,考虑照度要求、节能环保、安装和维修方式等。

一、基本概念

1. 光通量

光通量,单位:流明(Lm),用符号φ来表示,指人眼所能感受到的辐射功率,它相当于单位时间内某一波段的辐射能量和该波段的相对视见率的乘积。人眼对不同波段的光的敏感程度与色彩有关,视见率不同,可见光的范围是不均匀的,故不同波段的光辐射功率相等,而光通量不相等。

2. 光强度

光强度,单位:坎德拉(Cd),用符号I表示,是指在某一特定方向角内所放射光的光能量,也简称为光度。

3. 照度

照度,单位:勒克斯(Lux、Lx),用符号E表示,是指光源照射在被照物体单位面积上的光通量。

照度是用数值表示的各种场合的光线强度,在夏日阳光下为100000Lx;阴天室外为10000Lx;黄昏室内为10Lx;夜间路灯为0.1Lx;室内日光灯为100Lx;烛光(20cm远处)10～15Lux;距60W台灯60cm的桌面为300Lx;电视台演播室为1000Lx。

4. 色温

色温,单位:开尔文(K),用符号Tc表示。是表示光源光谱质量最通用的指标,是光波在不同的能量下,人们眼睛所能感受的颜色变化。色温在摄影、录像、出版等领域具有重要的应用功能,是按绝对黑体来定义的。光源的辐射在可见区和绝对黑体的辐射完全相同时,黑体的温度就称为光源的色温。低色温光源的特征是在其能量分布中,红辐射相对多些,通常称之为"暖光";色温提高后的能量分布中,蓝辐射的比例相对多些,通常称为"冷光"。色温就是专门用来量度和计算光线的颜色成分的方法。一些常用光源的色温为:荧光灯为3000K;闪光灯为3800K;电子闪光灯为6000K;标准烛光为1930K;钨丝灯为2760～2900K;中午阳光为5600K;蓝天为12000～18000K。光源色温不同,光色也不同,给人的

感觉也大不相同。(表7-1)

表7-1 常用光源色温

<3300K	温暖(带红的白色)	稳重、温暖
3000～5000K	中间(白色)	爽快
>5000K	清凉型(带蓝的白色)	冷

5.光色

光色是指"光源的颜色",或者数种光源综合形成的被摄环境的"光色成分",光学里以K(Kevin)为计算单位来表示光颜色数值。2700K～3200K光色呈黄色,3200K～5000K光色呈暖白色,也被称为"自然色",而5000K～6500K被称为白光,大于6500K的光色被称为冷光。

6. 显色性

显色性指不同光谱的光源照射在同一颜色的物体上时,所呈现不同颜色的特性。通常用显色指数Ra来表示光源的显色性。光源的显色指数愈高,其显色性能愈好,所能看到的颜色也就越接近自然原色,即越能再现颜色的逼真程度;显色性低的光源对颜色的表现较差,我们所看到的颜色偏差也较大。原则上人造光线应与自然光线相同,才能使人的肉眼能够正确辨别物体的颜色。

显色性是指物体的真实颜色与某一标准光源下所显示的颜色关系。显色性通常用Ra值作为显色指数。Ra值是将DIN6169标准中定义的8种测试颜色在标准光源和被测试光源下作对比,色差越小则表明被测光源颜色的显色性越好。显色性在如今的建筑玻璃中广泛应用。

7. 亮度

亮度,单位:坎德拉每平方米(Cd/m²),用符号L表示。是指发光体(反光体)表面发光(反光)强弱的物理量。人眼从一个角度观察光源,在这个方向上的光强和人眼所能看见的光源面积之比,定义为该光源在单位投影面积上的发光强度。亮度是人对光的强度的视觉感受。

8. 眩光

眩光是指视野中由于不适宜亮度分布,在空间或时间上存在极端的亮度对比,以致引起视觉模糊化,降低物体可见度。在视觉中局部地方出现过高的亮度或前后发生过大的亮度变化,人眼如果无法适应这种光亮感觉,可能引起视觉疲劳、眼睛酸涩、流泪甚至失明。眩光可分为直接眩光、反射眩光和反向眩光等种类。眩光是引起视觉疲劳的重要原因之一。

9. 灯具效率

灯具效率,也叫光输出系数,是指在规定条件下测得的灯具所发射的光通量值与灯具内所有光源发出的光通量测定值之和的比值,是衡量灯具利用能量效率的重要标准。

10.光源效率

光源效率是指每一瓦电力所发出的量。光源效率(Lm/W)=流明(Lm)/耗电量(W),其数值愈高表示光源的效率愈高,所以对于使用时间较长的场所,光源效率通常是一个重要的考虑因素。

11. 光束角

光束角指于垂直光束中心线之一的平面上,光强度等于50%最大光强度的两个方向之间的夹角。光束角反映在被照墙面上就是光斑大小和光强。同样的光源若应用在不同角度的反射器中,光束角越大,中心光强越小,光斑越大。应用在间接照明中原理也一样,光束角越小,环境光强就越小,散射效果就越差。光束角大小受灯泡及灯罩的相对位置的影响。

12. 平均寿命

平均寿命也就是额定寿命,是指50%的灯失效时的寿命。

二、室内照明设计

1. 光的种类

灯具的品种和造型的不同会产生各种不同的光照效果。这种照明用光可分为直射光、反射光和漫射光三种。在室内照明设计中,三种光线各有不同的用处,呈现不同的空间效果,都可以通过光的作用充分表现出来。各类空间所设计的多种照明方式是由它们之间不同比例的搭配来实现的。

（1）直射光

光源直接照射到工作表面上的光叫作直射光。直射光的照度高，电能耗少。它是直射光源发出的光线照射在加工物件上，向光部分明亮，背光部分黑暗，光线的强度分布不均匀。直射光能加强物体的阴暗对比，这种明暗效果能加强空间的立体感。但是直射光容易使人产生眩光，引起视觉不适，所以通常需要采用灯罩，把光集中照射到工作面上。直接照明有广照型、中照型和深照型三种形式。

（2）反射光

反射光是利用光亮的镀银反射罩作为定向照明，使光线受下部不透明或半透明的灯罩的阻挡，光线的全部或部分反射到天棚和墙面后，再向下反射到工作面的光。通常情况下反射光要弱于直射光，但强于自然的散射光，这样可以使被摄主体获得的受光面比较柔和，不易产生眩光，使得人们感到视觉舒适。

（3）漫射光

漫射光是指利用磨砂玻璃罩、乳白灯罩，或其他形式的格栅，使光线向多方向漫射，或者是将直射光、反射光混合的光线叫作漫射光。漫射光的光质柔和，视觉感受较好，艺术效果颇佳。实验证明，室内空间的开敞性与光的亮度成正比，亮的房间感觉要大一点，暗的房间感觉要小一点，充满房间的无形的漫射光，也使空间有无限延伸的感觉。

2. 照明的种类

目前根据灯具光通量的空间分布状况及灯具的安装方式，室内常用的照明方式可分为以下五类：

（1）直接照明

全部或90%以上的光源都通过灯具直接投射到被照物体上，这种照明方式叫作直接式照明。一方面，因亮度大会产生强烈的眩光与阴影，不适于与视线直接接触；但另一方面，它形成的明暗对比，也能造成生动有趣的光影效果。裸露装设的荧光灯和白炽灯属于此类，灯泡上加不透明灯罩也属此类，直接式照明适用于公共厅堂或需要局部照明的场所。

（2）半直接照明

半直接照明是指光源的60%至90%直接集中投射到被照物体上，有10%至40%经过半透明的灯罩向上漫射再投射到被照物体上，这种照明方式叫作半直接照明。这种光线比较柔和，但亮度仍然较大。用半透明的玻璃、塑料、布料做灯罩的灯属于此类，常用于办公室、卧室、书房等房间的一般照明。

（3）间接照明

光源90%以上的光先照到墙上或顶棚上，再反射到被照物体上，10%以下的光线则直接照射被照物体上，这种照明方式叫作间接照明。这种照明方式光量弱，无眩光和明显阴影，有安静祥和之感，适于卧室、起居室、会议室等场所的照明。灯罩朝上开口的吊灯、壁灯等属于此类。这种照明方式通常和其他照明方式配合使用，更有艺术效果，如单独使用时，需注意不透明灯罩下部的浓重阴影。

（4）半间接照明

半间接照明是指光源60%以上的光经反射后照射到被照物体上，只有少量光直接射向被照物体，10%～40%部分光线经灯罩向下扩散，这种照明方式叫作半间接照明，它比间接照明亮度大。这种照明方式能从视觉上使较低矮的房间有拉高的感觉，也适用于门厅、过道、服饰店等小空间。

（5）漫射照明方式

利用半透明磨砂玻璃罩、乳白罩或特制的格栅，是指通过灯具的折射功能来控制眩光，使光线向四周漫射，这种照明方式叫作漫射照明方式，这种方式的光线柔和，视觉感舒适，并且有很好的艺术修饰效果，适用于起居室、会议室等。

3. 照明设计的原则

（1）功能性原则

灯光照明设计必须根据不同的空间大小、场合和对象，选择不同的照明方式。并且要求符合相应空间的照度和亮度，满足室内空间功能的要求。比如，商品陈列的橱窗照明，普遍所使用的亮度比一般照明要高出3～5倍,采用强烈的聚光照射的目的是为了强调商品的形象,打造商品的质感,推广商品的品牌效应,吸引顾客的目光,这也是一种常用的商业手段。同时,也常使用方向性较强的照明灯具和利用色光的调节来提升商品的艺术魅力。再如,会议大厅的灯光要求亮度分布均匀,不能出现眩光现象,灯光照明设计应采用直接照明的方式,一般最好选用全面性照明灯具。

(2)美观性原则

灯具既是照明的工具,又是室内空间不可或缺的装饰品。装饰照明在现代各种室内环境设计中,如家居建筑、办公建筑、商业建筑和娱乐性建筑的灯光照明,是为了增加室内空间层次,营造环境气氛。灯光照明是装饰美化环境和创造艺术气氛的重要手段,所以,我们在选择灯具时还要考虑其造型、材料、色彩、比例、尺度,采用直射、反射、漫射等多种手段,通过对灯光的明暗、隐现、强弱等进行有节奏的控制,创造各种风格特异的艺术情调气氛,为人们的生活环境增添情趣。

(3)合理性原则

照明不是以灯光的强度或灯具的数量来取胜,科学合理的灯光照明是我们环境空间设计的基本原则。灯光照明的亮度标准根据用途和分辨的清晰度要求不同,选用的标准也各不相同。照明设计的原则是为了满足人们的视觉审美需求,要求在各种室内空间中最大限度地体现灯具的实用价值和观赏价值,使灯具的使用功能和审美功能达到协调统一。

(4)安全性原则

照明必须遵守必要的安全规则,采取严格的防触电、防断路的安全措施。为了避免意外事故的发生,照明设计要求绝对安全可靠,严格按照规范进行施工,并且反复审查。

第二节 国内照明标准值参考

一、居住建筑

居住建筑照明标准值(表7-2)

房间或场所		参考平面及其高度	照度标准值(Lx)	Ra
起居室	一般活动	0.75m水平面	100	80
	书写、阅读		300	
卧室	一般活动	0.75m水平面	75	80
	床头、阅读		150	
餐厅		0.75m餐桌面	150	80
厨房	一般活动	0.75m水平面	100	80
	操作台	台面	150	
卫生间		0.75m水平面	100	80
注:宜用混合照明。				

二、公共建筑

1. 商业建筑照明标准值(表7-3)

房间或场所	参考平面及其高度	照度标准值(Lx)	UGR	Ra
一般商店营业厅	0.75m水平面	300	22	80
高档商店营业厅	0.75m水平面	500	22	80
一般超市营业厅	0.75m餐桌面	300	22	80
高档超市营业厅	0.75m水平面	500	22	80
收款台	台面	500	–	80

2. 图书馆建筑照明标准值（表7-4）

房间或场所	参考平面及其高度	照度标准值（Lx）	UGR	Ra
一般阅览室	0.75m水平面	300	19	80
国家、省市及其他重要图书馆的阅览室	0.75m水平面	500	19	80
老年阅览室	0.75m餐桌面	500	19	80
珍善本图书阅览室	0.75m水平面	500	19	80
陈列室、目录厅（室）、出纳厅	0.75m水平面	300	19	80
书库	0.25m水平面	50	—	80
工作间	0.75m水平面	300	19	80

3. 办公建筑照明标准值（表7-5）

房间或场所	参考平面及其高度	照度标准值（Lx）	UGR	Ra
普通办公室	0.75m水平面	300	19	80
高档办公室	0.75m水平面	500	19	80
会议室	0.75m餐桌面	300	19	80
接待室、前台	0.75m水平面	300	—	80
营业厅	0.75m水平面	300	22	80
设计室	实际工作面	500	19	80
文件整理、复印、发行室	0.75m水平面	300	—	80
资料档案室	0.75m水平面	200	—	80

4. 学校建筑照明标准值（表7-6）

房间或场所	参考平面及其高度	照度标准值（Lx）	UGR	Ra
教室	课桌面	300	19	80
实验室	实验桌面	300	19	80
美术教室	桌面	500	19	90
多媒体教室	0.75m水平面	300	19	80
教室黑板	黑板面	500	—	80

5. 医院建筑照明标准值（表7-7）

房间或场所	参考平面及其高度	照度标准值（Lx）	UGR	Ra
治疗室	0.75m水平面	300	19	80
化验室	0.75m水平面	500	19	80
手术室	0.75m水平面	750	19	90
诊室	0.75m水平面	300	19	80
候诊室、挂号厅	0.75m水平面	200	19	80
病房	地面	100	22	80
护士站	0.75m水平面	300	—	80
药房	0.75m水平面	500	19	80
重症监护房	0.75m水平面	300	19	80

6. 展览馆展厅照明标准值（表7-8）

房间或场所	参考平面及其高度	照度标准值（Lx）	UGR	Ra
一般展厅	地面	200	22	80
高档展厅	地面	300	22	80

注：高于6m的展厅Ra可降低到60。

7. 体育建筑照明标准值（表7-9）

类别	GR	Ra
无彩电转播	50	65
有彩电转播	50	80

注：GR值仅适用于室外体育场地。

三、工业建筑

工业建筑一般照明标准值（表7-10）

房间和场所		参考平面及其高度	照度标准值（Lx）	UGR	Ra	备注
实验室	一般	0.75m水平面	300	22	80	可另加局部照明
	精细	0.75m水平面	500	19	80	可另加局部照明
检验室	一般	0.75m水平面	300	22	80	可另加局部照明
	精细,有颜色要求	0.75m水平面	750	19	80	可另加局部照明
计量室、测量室		0.75m水平面	500	19	80	可另加局部照明
变电站	配电装置室	0.75m水平面	200	—	60	
	变压器室	地面	100	—	20	

四、公用场所

公用场所照明标准值（表7-11）

房间或场所		参考平面及其高度	照度标准值（Lx）	UGR	Ra
门厅	普通	地面	100	—	60
	高档	地面	200	—	80
走廊、流动区域	普通	地面	50	—	60
	高档	地面	100	—	80
楼梯、平台	普通	地面	30	—	60
	高档	地面	75	—	80
自动扶梯		地面	150	—	60
厕所、浴室	普通	地面	75	—	60
	高档	地面	150	—	80
电梯前厅	普通	地面	75	—	60
	高档	地面	150	—	80
休息室		地面	100	22	80

储藏室、仓库		地面	100	—	60
车库	停车间	地面	75	28	60
	检修间	地面	200	25	60

注：居住、公共建筑的动力站、变电站的照明标准值按表选取。

第八章 室内陈设与家具设计

随着室内设计整体水平的提高,室内陈设的重要地位也越来越显著。室内陈设是家居环境的重要组成部分,它的范围、内容、形式、风格随着时代的发展也有了新的变化,如何创造适应现代生活、满足人们生理和心理需求的高质量的室内环境是一个重要的问题。室内设计不再仅仅满足一定的使用功能,更重要的是要创造一个舒适的生活环境,给人以视觉、心理乃至行为上更具有享受性的空间环境,这就使得陈设设计在室内空间中的作用愈加重要。

第一节 陈设设计的概念及类别

一、陈设设计的概念

"陈设"俗称软装饰。陈设品一般是指摆设品、装饰品,即用来美化或强化视觉效果的、具有观赏价值或文化意义的物品。陈设设计则是指对室内装饰品进行布置及摆设以打造舒适美观的室内环境。室内陈设设计内容包含的方面十分广泛,可以说除了地板、墙壁以及顶棚所涉及的色调、材质等要与室内环境的整体格调保持一致之外,室内的所有物件均属于室内陈设品的范畴,如家具、绿植、工艺品摆件以及灯饰等,它们在确保满足日常生活需要的同时,营造出一种轻松自在的居家环境,给人以美的视觉享受。(图8-1)

二、室内陈设元素的类别

塑造人们理想的生活空间,运用单纯的人工塑造的环境远远不够,而是要进行人性化设计,把人作为沟通室内空间与环境之间的媒介,三者之间的关系要进行科学化、技术化和艺术化的统一。这就要求设计师要运用技术和艺术的综合手段创造出符合现代人生活要求的陈设设计。室内陈设按照陈设品性质一般分为实用性陈设品和装饰性陈设品。

1. 实用性陈设品

实用性陈设品种类繁多,它们以实用功能为主,辅以良好的外观设计。大致可分为以下六类:

（1）家具

有的地方又称家私,作为一种大众艺术,它是室内陈设艺术中的主要构成部分。现代的家具既有其特定的功能性,又要满足人们的审美快感并引发丰富联想,达到物质与精神的享受。(图8-2)

（2）织物用品

在现代室内设计环境中,织物陈设使用效果,已经成为衡量室内环境装饰水平的重要标准之

图8-1 室内陈设

一。织物在室内设计中就像是家居的外衣，可以随着季节的交替进行搭配和组合，从而变换出不同的主题，被称作室内色彩的魔法师。（图8-3）

（3）灯具

自古以来，灯具都是室内设计不可或缺的陈设品，既能供给室内照明，又能美化室内环境。在功能上，根据室内营造气氛的不同，决定了灯具用光的不同；在造型上，灯具本身的变化会给室内环境增色不少。（图8-4、图8-5）

（4）生活器皿

生活器皿是人们日常生活所需的各种器具。它不仅品种繁多，材质也多样。各种不同的器皿因造型、色彩和质地的不同，可能产生出不同的装饰效果，如木材、金属、玻璃、陶瓷、塑料等，都具有很强的装饰性，也使室内具有浓郁的生活气息。（图8-6）

（5）书籍杂志

书籍杂志既有实用性，又可增添室内空间的书香气，显示主人的高雅情趣。书籍可按其类型、系列或色彩来分组陈列在书架上，再放置一些小摆设与书籍相互烘托，效果显著。花花绿绿的各种杂志装饰效果有时比书籍更具美感，散落在沙发、窗台、屋角等处，增添了居室的生活气息，并给人以一种亲切感。

（6）文体用品

文体用品主要有三大类：体育用具可使空间环境显出勃勃生机；乐器可使居住空间透出高雅脱俗的感觉；文具可使空间环境显得更有诗书意蕴。

2. 装饰性陈设品

装饰陈设品是主要以观赏价值为主的陈设物品，包括装饰品、纪念品、收藏玩物及观赏动植物等。

（1）装饰品

装饰品通常能丰富视觉效果，美化室内环境，营造室内环境的文化氛围。在室内环境中装饰品可以起到点缀和衬托的作用，也含有很高的观赏价值。

图8-2 简约风格家具

图8-3 室内织物用品

图8-4 造型新颖的室内灯具

室内设计

图8-5 造型新颖的室内灯具

图8-6 生活器皿陈设品

（2）纪念品

纪念品一般是指有纪念意义的物品。每一件纪念品都代表着一段回忆，能给人怀旧之感，在室内又能起到一定的装饰作用。

（3）收藏玩物

收藏玩物是根据个人的爱好而珍藏、收集的物品。它们能寄托人们的情感，能反映人们的兴趣、爱好和修养，一般都集中陈列在博古架或壁龛内。

（4）观赏动植物

观赏动物以鸟类和鱼类为主。鱼的颜色缤纷绚丽，鸟的羽毛色彩斑斓，它们都是富有灵性和美感的陈设物，也是人类很好的家庭伴侣，能使环境充满生机与灵性。观赏植物以盆

景花卉为主，若绿叶和鲜花的配搭与室内装饰风格相协调，既能使人们仿佛置身于大自然的怀抱，舒缓身心，又能给室内环境平添灵动的气氛，还能提高空间环境的质量，愉悦身心。

三、陈设设计在室内环境中的作用

陈设元素在室内环境设计中是必不可少的因素。现代室内陈设设计不仅要满足人的使用功能，还要有室内的装饰美化效果，符合人的审美精神，调理人的身心状态，享受生活。因此，陈设设计的舒适宜人是室内环境设计成功的关键。

1. 改善环境

（1）增强空间层次感

室内空间的一次空间设计包括三个部分：室内空间企划、室内装修设计、室内物理环境设计，是指从建筑层面或物理环境上对空间的墙面、地面、顶面进行统一的规划。室内的二次空间的划分要巧妙地利用家具、灯饰、装饰品、绿色植物等。所以，陈设设计增强了空间的层次感，使分隔的空间更柔美，功能更合理。

（2）柔化空间

近年来随着科技的发展，人们在建筑中常用钢筋、水泥、玻璃幕墙等冰冷的材料，这些材料远离了自然，远离了人们的生活空间，缺乏与人的情感交流。而陈设设计在室内用家具、绿植以及各种装饰品对室内空间进行柔化，重新去塑造宜人的、充满生机的生活空间。

（3）调节室内色彩

在室内空间中，陈设物的色彩既作为主体色彩而存在，又可以作为点缀，甚至有划分空间的作用。不同的色彩搭配让我们有不同的心理感受。室内环境色彩是室内设计的灵魂，室内的色彩环境就是由人们的审美心理和一些联想组成的，对室内的舒适、环境气氛以及人的心理有着重要的影响。植物、织物、家具等陈设品，在增添室内空间的色彩的同时，也让空间充满了生机和活力。

（4）烘托气氛、表现意境

陈设元素是空间的灵魂，它主宰着室内设计的精神思想层面。陈设品在满足了人类生存的基本功能后，通过不同的结构以及本身具有的色彩、造型、质感等特征，烘托出室内不同的风格、情趣、意境、气氛等。

（5）提升空间文化历史含义

陈设品的摆放提升室内的文化含义，这些艺术品都是经过丰厚的历史文化沉淀下来的，它们将历史的韵味带入了室内的各个空间，赋予每个空间不同的含义。这些陈设元素互相交融在历史发展的印迹，另外，还有具有特殊性的空间应具有一定的内涵，如纪念性建筑空间、传统建筑空间等。

2. 塑造环境

（1）强化室内环境风格

室内空间的各种不同风格，是由室内装修与陈设艺术设计来共同塑造的。不同的时代特征和地域特色，造就的社会文化不同，通过设计师的构思、创意和表现，逐渐发展成具有代表性的室内设计形式。如古典风格、现代风格、中式风格、欧美风格、地中海风格等，陈设品的选择应当符合空间设计的主题及风格，对各种风格具有一定的引导性。因此，不同特征的陈设合理配搭对室内环境风格起着强化的作用。（图8-7）

（2）展现民族特色风情

在空间环境中，陈设品配置是向人们传达一种生活方式、一种地域文化和一种民族气质。由于不同地域民族的生活方式、语言文字、审美思想和历史发展阶段不同，所以形成的本民族的素养、气质、精神和审美标准也不尽相同。每个民族都会创造出具有自身特色的工艺品，将这些陈设物摆放在室内，展现了不同民族的特色风情。另外，我们还可以通过一个空间中的陈设品特点来判断某个民族的特征。（图8-8）

（3）展现个性和情操

古人曾说过"宁可食无肉，不可居无竹"，

图8-7 利用家具塑造室内风格

图8-8 利用墙面的饰品展现民族特征

陈设品的格调高雅、造型优美，再加上色彩浓重、简练，营造出一种清丽雅致的室内气质，使人怡情悦目，还可以陶冶情操。陈设品本身就具有自己独特的个性和特点，通过各种摆放的方式可以判断人们的个人品位、性格特点、兴趣爱好和文化涵养等。陈设品已经超越美学界限而赋予了空间精神层面的艺术价值，增添了生活的情趣。

四、室内设计的陈设设计原则与要求

1. 室内陈设设计的原则

（1）舒适性

设计者在进行室内陈设品摆设时，要充分考虑每一件器物的价值与作用，进行合理安排，如果过分追求美感而忽视陈设设计的舒适

室内设计

性,降低了器物的效用,则是本末倒置。因为设计者在进行陈设设计的时候,将用户的需求放在首位,是为了保证室内器物更好地满足用户的心理需求和生活需求。另外,重视舒适性还要求对室内器物进行高效利用,从而实现室内舒适效用的最大化。

(2)协调统一性

陈设设计应该重视协调性,增强室内的整体美感。注重协调性首先要确定室内设计的基调,有一个全局的理念,使室内器物的安排形成一个统一的整体,避免给人一种凌乱的感觉。然后,设计者再根据这一基调对室内的器物的格局和位置进行合理的安排,让装饰品与家具统一协调,这样既能够增强室内的美感,又能够使用户对器物更方便地使用。这种统一性突出还表现在室内陈设品的颜色统一上,避免室内色彩之间强烈的对比。

(3)匹配性

室内的陈设设计应与空间的基调相互匹配,根据主题来安排室内陈设从而更好地凸显房间的基调。比如,高级别墅的陈设设计应该根据华丽的基调,选择高档的家具作为室内的器物,显得富丽贵气;一般家庭的室内设计其主基调往往是以简洁朴素为主基调,设计者可以选择一些浅色或者中间色作为器物的主颜色来进行匹配。

(4)生态性

随着社会的发展,绿色理念越来越深入人心。因此,为用户营造绿色的氛围,成为设计师的首要任务。设计师在进行设计时,应当尽量选择不影响环境的器物,力求在设计中体现生态的原则。另外,生态性还要求设计者根据绿色环保的要求,应用低碳的理念,净化房间空气,致力于打造绿色的室内环境,为人们提供一个健康的居住环境。

2.室内陈设设计的要求

(1)符合人们的心理

在日常生活中,人们经过长时间的积累,对一些空间形式及内部装饰形成了一些惯性,形成了人们的心理需求。每一种空间陈设的变化给人的心理感受都不尽相同,设计者们应倾听和理解用户的心理需求,考虑人的心理承

受惯性,满足人们的心理需求。

(2)符合空间的色彩

在选择陈设品的色彩时应注意空间尺度,可以是色相基本一致,明度适当有对比;也可以是色相略有区别,明度基本一致;还可以是色相、明度都保持一致。

(3)符合照明的特性

为满足室内的不同功能,设计者需对照明做相应的选择,灯具的布置要满足房间的照明,了解各类光色的特性以及它所创造的环境气氛。各种颜色的灯光光源给人的冷暖感觉不同,如红、橙、黄色的低色温光源,给人热情、活跃的感觉,被称为暖色光,常用在商业空间;蓝、绿、紫色的高色温光源,给人宁静、理性的感觉,被称为冷色光,常用在医疗空间。设计者在了解光色的特性之后,需根据不同的光源特性对不同的空间进行布置,以营造所需的气氛。

(4)符合陈设品的肌理

肌理是陈设设计中要考虑的重要元素。肌理能给人带来丰富的视觉感受,如细腻、粗糙、紧密、疏松、坚实松软、圆润、尖锐等。人们常会在一定的距离和静态中观赏陈设品的肌理,如陈设品经常选择大纹理的、色彩对比较强的肌理,就是为了保证远距离的观赏效果。

(5)符合人体的触感

触感主要是指身体的触觉,有粗糙、光滑、坚硬、柔软等类型,所产生的生理反应也有舒适或不舒适。在选择与身体有密切接触的室内陈设品,如各种家具、纺织品、工艺品时,都需要考虑触感,尽量避免过分光滑或过分粗糙,让人产生生硬、冰冷或尖锐的感觉。

第二节　家具设计

一、家具设计与室内环境概述

家具,是指供人们生活和工作用的器具,它是室内环境的一个重要的有机组成部分,与建筑室内环境中所需的各种功能密切相关。家具是使室内产生使用价值的必要设施,通过家具的布置,可体现出室内环境特定的功能与形式,表现空间的感觉和气氛。家具也是室内

空间的主体结构,是人们学习、工作和生活的主要载体,合理的家具设计,不仅可以极大地方便人们的生活,还可以有效地改善室内空间环境,强化主题氛围。

家具设计与人的生活息息相关,是为了打造理想的空间来满足人们生活、工作的物质需求和精神需求。家具设计近年来迅速发展成为一门专业性强、实用性高的新兴边缘科学。它的类别按环境划分包括室内家具设计、室外家具设计、公用(公共场所)家具设计等。

家具设计主要包括两点内容:一是家具本身的设计;二是家具的选择和布置。在室内设计中,家具设计属于装饰的范畴,因此后者是陈设设计主要的任务。在进行家具的选择时,首先要充分了解其所在空间的功能、性质及其所需体现的氛围、品位等,然后才能准确把握方案的设计理念,综合各项因素来考虑家具的式样、尺寸、材料、结构等方面,选择适合的家具来搭配。要充分利用家具来对空间进行二次改造,本着以人为本、为人服务的原则,为人们营造实用、美观、舒适的室内环境。

二、家具在室内环境中的功能设计

家具属于实用型的陈设品,是人们日常生活中使用的器具,它起源于生活,又能改善生活质量,并与室内其他的装饰物共同构成了室内的陈设设计。家具不仅为我们的生活带来了便利,还让室内空间产生视觉的美感和触觉的舒适感。随着社会生产力的发展和人类文明的进步,人们的生活也越来越离不开家具。人们通过对空间关系、功能的分区与布局等多方面的分析,正确、合理利用家具造型与空间设计的关系,让家具可以更好地辅助室内空间设计,使室内设计更加合理,趋向完美。

1. 识别空间的功能和性质

家具的设计与陈设在一定限定空间中,合理地组织和安排室内的设计。不同的家具可以围合出不同功能的空间区域,组织出人们在室内的流动路线。比如,沙发、茶几、灯饰、电器柜,组成娱乐休闲的会客空间;餐桌、餐椅、酒柜组成餐饮空间;一体化、标准化的橱柜,组成烹饪空间;工作台、书柜、书架组成学习和工

作的空间;会议桌、会议椅组合成会议空间。在一些宾馆大堂中,常常用沙发、茶几、地毯等共同围合多个休息区域,以满足宾客的等待、休息等功能要求,在视觉上避免相互分隔,在心理上也划分出相对独立、不受干扰的虚拟空间,从而改变大堂的空旷之感。

2. 合理划分空间

室内环境设计空间实体主要是建筑的界面,界面的不断更新变化会使人的视觉感受随之发生改变,界面的装饰效果是为了增强人们在空间中的视觉美感,由于界面的虚实、围合、开敞、比例、尺度等诸多因素的不同,从而产生不同的空间感受。室内环境空间的设计包括物质功能及精神功能,具有两重性。首先,室内环境空间的创造要根据人们物质功能上的需求来设计。由于室内空间被界面所限制,造成空间使用功能的不足,利用家具进行空间分隔是传统室内环境设计中常用的手法。比如在一个大的室内空间环境中,通过对家具的设置来划分出一些小空间,如玄关前摆放的鞋柜、博古架等,以保证不同区域相互间不受干扰。其次,家具有灵活的可移动性和可控制性,业主可根据个人喜好来摆放家具位置,又可在不需要时撤掉,从而极大地提高了空间利用率,也使家具的性能得到充分的发挥。

3. 尽可能利用空间

由于现代社会人口不断增加,城市住房面积紧张,居住空间变得狭小,所以在现代住宅建筑中,需要通过家具的巧妙设计及合理的布置,来使室内空间得到充分利用。多功能组合家具和悬吊式家具是改变室内空间狭小的主要方式。比如,客厅中的电视墙,采用组合式家具,任意随空间大小进行组合,可拆可分;儿童套房的设计是在儿童房内设置成两个高低小床,低的小床采用滑轮设计,可放入高床下面,交叉错落,当需要使用时就可推出,使娱乐区和学习区的空间增大,也与睡眠区进行有机结合,充分有效利用了空间,丰富了室内的视觉效果。

4. 丰富室内空间环境

在室内空间环境中,包含两大层次,一是空间的六面围合,表现在墙面和地面上,如空

间的比例、色彩、尺度等；另一个是通过家具、工艺陈设品等的摆设来渲染空间环境氛围。家具能够在室内空间环境中实现再创造，也可说是对室内的"第二次"装饰。家具在使用过程中，通过每一次的不同组合、分离，创造出全新的视觉感受。除此之外，当家具单独放置的时候，还可把它当作雕塑来欣赏。比如，广场上的椅、凳，既能发挥它最基本的使用功能，供人们休憩时使用，又能很好地配合周围的环境。

三、家具类设计运用的元素

随着社会的发展以及人们审美观念的改变，新技术、新材料广泛用于家具的制作当中，现代的设计师普遍认为，应从结构和材料本身来寻找家具美的表现因素，而不应靠附加的各种装饰。设计师应善于运用材料的色彩和质感，在家具上的形体、虚实、光影等方面处理得当，以此来塑造家具的本质美，在家具的工艺、材料、结构等诸多方面拥有更大更多的选择空间。设计师要加强家具在造型、色彩、比例、肌理等方面的联系性，使家具更有艺术品位。这不仅包括要把握好形态、质感、色彩、装饰等家具的基本要素，而且还要遵循造型的美术法则。家具的造型也可分解为点、线、面、体、色彩、质感等具体语汇来表达。

1. 点、线、面、体的构成

家具如果只有大的面，会显得较为平淡、单调，运用点能起到一定的变化作用。一个平面上如果有一个点，它就会成为视觉上的焦点，非常醒目；如果是很多点的组合会产生生动、活泼的感觉。比如，某些板式家具上装有许多精致的把手等物，既有实用性，又能起到协调的作用。

点的运动轨迹就形成线，线具有方向性，不同的方向性会给人不同的心理感受。运用富于变化的曲线，形式轻快优美，富有弹性，给人以优雅活泼之感；运用笔直的垂直线，给人以挺拔感，可改善低矮压抑的空间感；运用平横线，给人以平静舒展之感，能延伸空间感。最佳的方式是以直线为主的家具上出现一组曲线，这样整个家具的形式美感将大大提升。

平面端庄、平稳，曲面则变化丰富、活泼。大块面的家具显得简洁有力、朴素大方，且具有整体感；小块面大多变化丰富，但易显得零乱。

体是由长、宽、高等不同的面组成的立体形态。各种不同形式的点、线、面可组成千变万化的体，给人以丰富的审美感受。另外，体有实、虚之别，实体即平面有板的部分，凹部和玻璃的部分为虚体，不同的虚实组合，在室内中会产生不同的视觉效果。具体选择哪种虚实形态，要依据使用功能和审美要求而决定。

2. 色彩

色彩也是家具造型的基本要素之一，色彩运用恰当，会影响整个家具和居室的视觉感受。在一件家具上可以进行多种色彩的组合，这就要求设计者具有深厚的色彩学知识和修养，并赋予它们无限的创意。

3. 质感

质感是指物体表面质地给人视觉和触觉上的感受，这种感受包括亮、暗、软、硬、重、轻、糙、滑等，依据居室的功能和气氛的不同需要来进行选择和组合，如卧室等多选暖、柔，以符合其居室气氛。以金属、塑料为主要材料的家具，具有极强的现代感；以较传统的木料为主的家具，有着天然木纹之美，亲切、自然、温馨朴实。现代更多地采用综合的方式，如在某些木家具上配以金属、塑料、玻璃等进行局部点缀，以取得更加丰富的视觉效果。

第九章　室内设计制图与表现

设计师要想把自己的设计内容表达出来，不是用语言来描绘，而是需要依靠图纸的形式来传达。图纸是设计师的"语言"。

第一节　制图的基础知识

一、制图工具、材料和使用方法

1. 图板

图板是在进行绘图时所使用的垫板，图板必须平整、规矩，图板左侧的工作边为导边，常用的图板规格见表9-1。

表9-1 图板规格　　　单位：mm

0号	1号	2号	3号
1200×920	910×600	610×460	450×300

2. 丁字尺

将丁字尺的尺头部位紧靠图板的导边上下滑动，便可绘制出平行的水平线，水平线应从左向右绘制；绘制垂直线则要借助于三角尺等工具，并由下向上绘制。丁字尺的长度有600mm到1200mm等规格，可根据图板的大小选择适宜规格的丁字尺。（图9-1 ~ 图9-3）

3. 图纸

常用的制图纸有两类，一类是普通的绘图纸（制图纸），一般用来画底稿和底图；另一类是描图纸，一般用作描图和拷贝，还可以用来晒蓝图。其规格见表9-2。

表9-2 图纸规格　　　单位：mm

A0	A1	A2	A3	A4
841×189	594×841	420×594	297×420	210×297

4. 铅笔

（1）木制铅笔

从9H（极硬）到6B（极软），根据使用的情

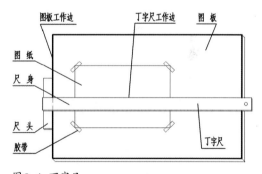

图9-1　丁字尺

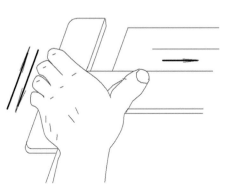

图9-2　用丁字尺作水平线

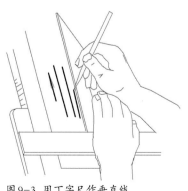

图9-3　用丁字尺作垂直线

况不同而采用不同的铅笔。

（2）自动铅笔

根据笔芯的粗细不同分为：0.3mm、0.5mm、0.7mm、0.9mm等规格，制图时根据不同的需要选用。

5. 针管笔（签字笔）

针管笔是画墨线稿的专用工具，一套标准的针管笔包括12种规格，从特别细的(0.1mm)到比较粗的(1.2mm)。常用针管笔规格的组合一般是：0.3mm、0.6mm、0.9mm与0.2mm、0.6mm、1.0mm。注意笔尖的管状部分长度应超过绘图三角板、直尺等边缘厚度。

6. 三角板

三角板主要是用来画垂直线或一定角度的线，一副三角板是由等腰直角三角板和具有30度角的直角三角板组成。推荐使用长度为300mm。（图9-4）

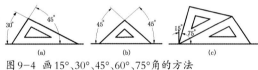

图9-4 画15°、30°、45°、60°、75°角的方法

7. 比例尺

制图时，"比例尺"代表图上尺寸和实际尺寸的比例关系，使用比例尺就能方便测量、读取、转换这两种尺寸。推荐使用规格300mm以上的比例尺。（图9-5、图9-6）

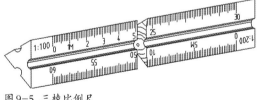

图9-5 三棱比例尺

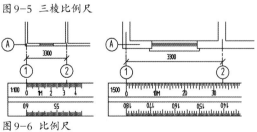

图9-6 比例尺

8. 曲线板（曲线尺）

曲线板和曲线尺都是用来画非圆曲线的。曲线板可以根据其弧度不同而绘制不同的曲线。曲线尺又叫蛇形尺，有很强的可塑性，可以绘制灵活不同的曲线。（图9-7、图9-8）

图9-7 曲线板

图9-8 曲线尺

9. 圆规套件

圆规套件通常由多组件组成，分别有墨笔插腿、钢针插腿、铅芯插腿、分规插腿、鸭嘴笔杆等，可以用来画圆、等分线段等。（图9-9、图9-10）

10. 量角器

量角器主要用来丈量角度用，有些三角尺中带有量角器。（图9-11）

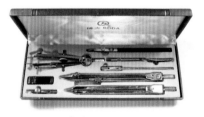

图9-9 圆规套件

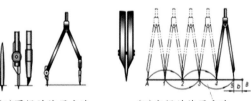

（1）圆规的使用方法　　（2）分规的使用方法
图9-10 圆规和分规的使用方法

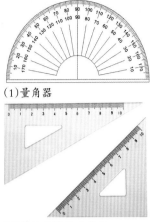
（1）量角器

（2）带量角器的三角尺

图9-11 量角器

11.制图模板

制图模板是用来绘制一些建筑装饰图形的辅助工具，有建筑绘图模板、画圆模板、椭圆模板以及家具模板等。（图9-12～图9-15）

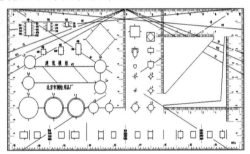
图9-12 建筑绘图模板

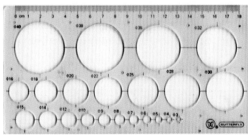
图9-13 画圆模板

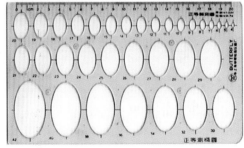
图9-14 椭圆模板

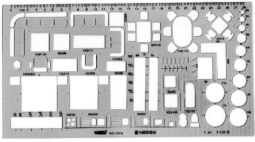
图9-15 家具模板

二、制图基础

1.图纸规定

（1）图纸幅面与图框

图纸幅面是指图纸的大小，称为图幅。图幅的规格是以A0号图纸的幅面大小为基准，通过对折后得出5种幅面规格的图纸（图9-16）。图幅中必须有图框，图框是限定绘图范围的边界（图9-17、图9-18）。图纸的幅面规格、图框尺寸、格式都应符合国家《房屋建筑制图统一标准》（GB/T50001—2001）的规定。（表9-3）

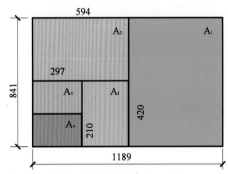
图9-16 图幅之间的关系（单位:mm）

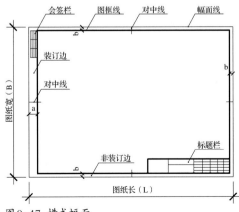
图9-17 横式幅面

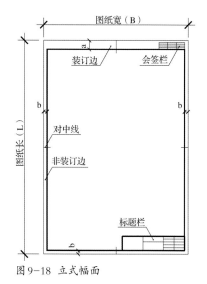

图9-18 立式幅面

L为图幅的长边,B为图幅的短边。图纸以短边B作为垂直边成为横式图幅,以短边B作为水平边称作立式图幅。图幅左侧(横式图幅中)或上方(立式图幅中)a为装订边,用以装订图纸,其余三边b为非装订边。对中线在图纸各边的中点处,线宽应为0.35mm,伸入框内为5mm。

表9-3 图纸幅面尺寸 单位:mm

基本幅面代号	A0	A1	A2	A3	A4
B*L	841*1189	594*841	420*594	297*420	210*297
a	25				
b	10			5	

图纸允许加长,但必须是沿图纸的长边L方向加长,加长量应是图纸长边1/8的倍数,并且仅允许A0～A3号图纸加长。(图9-19)

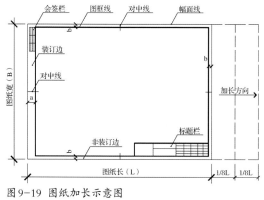

图9-19 图纸加长示意图

(2)标题栏及会签栏

① 标题栏:将图纸的名称、编号、设计单位、设计人员、校核人员以及日期等内容集中在一个表格内,这个表格叫作标题栏,也称为图标。按照国家制图标准的规定,除A4立式图幅为左右通栏外,其余的标题栏均置于图框右下角,标题栏中的文字方向为看图方向。但许多设计单位为了彰显个性,往往设计出独特的图标形式。不过,无论什么样的图标形式,其内容大体是一致的。(表9-4)

表9-4 标题栏

设计单位名称区		工程名称区	
签字区	图名区		图号区

在涉外工程的标题栏内,各项主要内容的中文下方应附有英文的译文,设计单位的上方或左方,应加注"中华人民共和国"字样。

② 会签栏:会签栏是各工种负责人签字的表格。内容较多时,可将两个会签栏并列使用(表9-5),不需会签的图纸可不设置会签栏。在横式图幅中,会签栏位于图框线外左侧的上方,在立式图幅中,会签栏则位于图框线外的上方右侧位置。

表9-5 会签栏

专业	签名	日期	专业	签名	日期

2. 图线

室内设计制图主要是沿用建筑、家具制图的规范,图中不同的线型和线宽都代表着不同的含义。(表9-6)

虚线、点画线或双点画线的线段长度与间距要相等。虚线线段长度约为3～6mm,间距约0.5～1.5mm(图9-20);点画线的线段长约为15～20mm,间距约为1～3mm(图9-21)。点画线的端点应是线段。虚线与虚线或与其他图线相交时,相交处应为线段,虚线为实线的延长线时,不得与实线连接。图纸中的图线不得与文字、数字或符号重叠,在无法避免时,应首先保证文字等的清晰。相互平行的

表9-6 图线的粗细及用途

名称		线型	线宽	用途
实线	粗	——————	b	主要可见轮廓线
	中	——————	$0.5b$	可见轮廓线
	细	——————	$0.25b$	可见轮廓线、图例线
虚线	粗	— — — —	b	见有关专业制图标准
	中	— — — —	$0.5b$	不可见轮廓线
	细	— — — —	$0.25b$	不可见轮廓线、图例线
单点长划线	粗	—·—·—·	b	见有关专业制图标准
	中	—·—·—·	$0.5b$	见有关专业制图标准
	细	—·—·—·	$0.25b$	中心线、对称线等
双点长划线	粗	—··—··—	b	见有关专业制图标准
	中	—··—··—	$0.5b$	见有关专业制图标准
	细	—··—··—	$0.25b$	假想轮廓线、成型前原始轮廓线
折断线		—∕∖—	$0.25b$	断开界线
波浪线		～～～	$0.25b$	断开界线

图线,平行线之间的间距不应小于其中粗线的宽度。

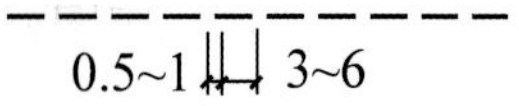

0.5~1 3~6

图9-20 虚线线段的间距和宽度(单位:mm)

15~20 15~20
0.5~1

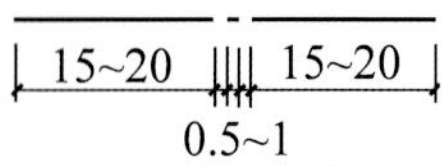

图9-21 点画线线段的间距和宽度(单位:mm)

3. 文字

制图中的文字字体采用长仿宋体,文字应采用国家颁布的简化汉字。文字的高宽比为3:2,文字的行距应大于字距,字距约为字高的1/4,行距约为字高的1/3。汉字的高度不应小于3mm,数字及字母的高度不应小于2.5mm。文字的书写应工整、清晰。

4. 比例

比例是指图上尺寸与实际尺寸之间的比值关系。比例的选用应适当,以能看清楚图纸中的图形的同时,又不至于因图形过大而使图纸显得太空为原则,且应该选用整数比例。不论采用何种比例绘图,尺寸标注的数值均按实际尺寸注写。常用的比例见表9-7。

表9-7 常用的比例

常用比例	1:1	1:2	1:5	1:10	1:20	1:50	1:100	1:150	1:200	1:500
可用比例	1:3	1:4	1:6	1:15	1:25	1:30	1:40	1:60	1:80	1:250

5. 尺寸标注

（1）尺寸的组成

尺寸由尺寸界线、尺寸线、尺寸起止符号、尺寸数字四部分组成。(图9-22)

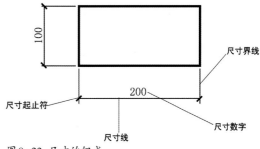

图9-22 尺寸的组成

① 尺寸界线为细实线,通常与被注的图样垂直,一端距图样的轮廓线不小于2mm,另一端应超出尺寸线2～3mm。当在图样之中进行标注时,图样的轮廓线可作尺寸界线。

② 尺寸线为细实线,与被注的图样平行。尺寸线与尺寸界线不同,任何图样的轮廓

室内设计

线都不能作为尺寸线。

③ 尺寸起止符号一般为45°的中粗短画线,长为2～3mm,半径、直径、角度弧长的尺寸起止符号用箭头。

④ 尺寸数字与尺寸线平行,水平方向的尺寸数字标注于尺寸线上方,垂直方向的尺寸数字标注于尺寸线的左边。当条件不具备时,还可以视具体情况调整。(图9-23)

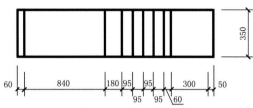

图9-23 尺寸数字可作适当的调整

(2)尺寸标注的方法

尺寸标注应尽可能置于图样轮廓之外,靠近图样并避免与图线、文字及符号等相交。尺寸标注应有分段尺寸和总尺寸,分段尺寸一般不超过三排,并与总尺寸之间相互平行。最小的分段尺寸离图样最近,总尺寸离图样最远。尺寸界线不仅有分段作用,而且有指向作用,靠近所标注的图样一方的尺寸界线应比超出尺寸线的一方长。中间的尺寸界线可比总尺寸界线稍短,但其长度须相等。(图9-24)

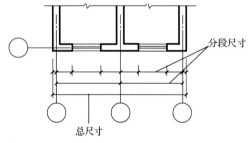

图9-24 尺寸标注

① 半径的尺寸标注:在通常情况下,半径尺寸线的起点应从圆心开始,终点画箭头指向圆弧,在半径数字前必须加注半径符号"R"(图9-25)。当标注较大的圆弧半径时,尺寸线的起点可不从圆心开始,但终点同样必须画箭头指向圆弧(图9-26)。当标注较小的圆弧半径时,标注形式有较多变化。(图9-27)

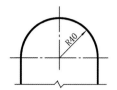

图9-25 通常情况的半径标注

图9-26 较大圆弧的半径标注

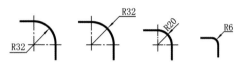

图9-27 较小圆弧的半径标注

② 直径的尺寸标注:直径标注的数字前须加代表直径的符号"Ø"(音读:fɑi),圆内的尺寸线必须通过圆心,两端画箭头指向圆弧。(图9-28、图9-29)

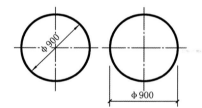

图9-28 通常情况的直径标注

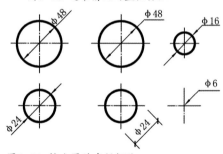

图9-29 较小圆的直径标注

③ 球的尺寸标注:标注球的半径和直径时,必须在尺寸数字前加注符号"S",即"SR"和"Sφ",注写方法与圆弧的半径和圆的直径相同。(图9-30)

④ 角度的尺寸标注:角度的尺寸线应以圆弧表示,圆弧的圆心是该角的顶点,角的两条边为尺寸界线。起止符号为箭头,若没有足够位置画箭头时,可用圆点代替。角度数字应按水平方向注写。(图9-31)

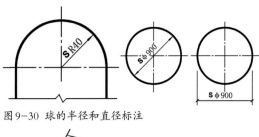
图9-30 球的半径和直径标注

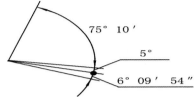
图9-31 角度的标注

⑤ 弧长的标注:标注圆弧长度的尺寸线为该圆弧的同心圆弧线,尺寸界线要垂直于该圆弧的弦,起止符号用箭头表示,弧长标注的数字上方应加圆弧符号"⌒"。(图9-32)

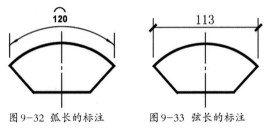
图9-32 弧长的标注　　图9-33 弦长的标注

⑥ 弦长的标注:标注圆弧弦长的尺寸线为平行于该弦的直线,尺寸界线垂直于该弦,起止符号用中粗斜短线表示。(图9-33)

⑦ 厚度的标注:厚度用符号表示"δ"(音读:德尔塔),标注薄板的厚度时,须在标注的数值前面加厚度符号。(图9-34)

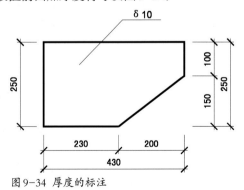
图9-34 厚度的标注

⑧ 正方形的标注:在正方形的某一侧面标注时,可用符号"□"表示,也可用"边长×边长"表示。(图9-35)

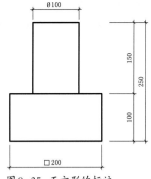
图9-35 正方形的标注

⑨ 非圆曲线:标注非圆曲线时,可用坐标的形式标注(图9-36),标注较为复杂的非圆曲线图样时,可用网格的形式标注。(图9-37)

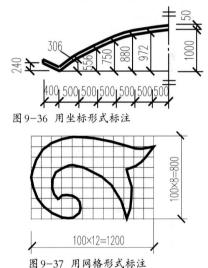
图9-36 用坐标形式标注

图9-37 用网格形式标注

⑩ 坡度的标注:坡度符号为单面的箭头,箭头的指向为下坡方向,也可用直角三角形的形式标注。(图9-38)

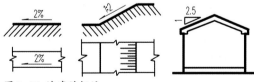
图9-38 坡度的标注

⑪ 简化的尺寸标注:标注单线图(桁架简图、钢筋简图、管线图等),可以直接将尺寸数字注写在相应的位置(图9-39、图9-40),角度的尺寸数字可直接注写在夹角中。

室内设计
新

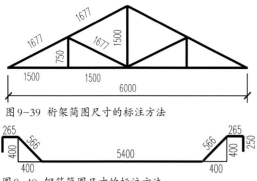

图9-39 桁架简图尺寸的标注方法

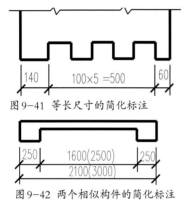

图9-40 钢筋简图尺寸的标注方法

标注连续等长的尺寸,可采用"个数×单位尺寸=总尺寸"的形式。(图9-41)

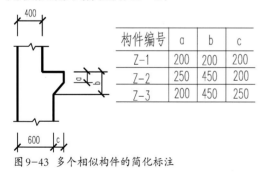

图9-41 等长尺寸的简化标注

图9-42 两个相似构件的简化标注

标注两个相似的构件,可将不同的尺寸用括号注写(图9-42)。标注多个相似构件,可采用表格的形式标注。(图9-43)

构件编号	a	b	c
Z-1	200	200	200
Z-2	250	450	200
Z-3	200	450	250

图9-43 多个相似构件的简化标注

标注多个相同构件要素(孔、槽等),可只标注其中一个要素的尺寸。(图9-44)

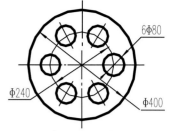

图9-44 相同构件的简化标注

标注对称的构件,应使用对称符号。对称符号由对称线(细单点长画线)和两端的两对平行线(细实线,长度宜为6~10mm,每对平行线的间距宜为2~3mm)组成。对称线垂直平分两对平行线,两端超出平行线宜为2~3mm。对称构配件尺寸线略超过对称符号,只在另一端画尺寸起止符号,标注整体全尺寸,注写位置宜与对称符号对齐。(图9-45)

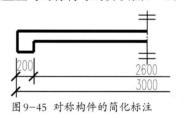

图9-45 对称构件的简化标注

⑫ 标高标注:标高是指空间相对高度的标注,以米(m)为单位,精确到小数点后三位。标高的符号是高度为3mm的等腰三角形,多数情况下,标注时三角形的顶端朝下,个别时候三角形的顶端也可以朝上。标高有两种标注形式(图9-46、图9-47),总图的标高应为实心的等腰三角形(图9-48)。标高通常以某一部位为基准(室内设计中常以各楼面为基准),基准面标注为正负零,标注数值前面加"±"。低于基准面的标注负值,标注的数字前面应加"—"号,高于基准面的标注正值,标注的数字前面不加"+"号。(图9-49)

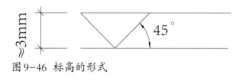

图9-46 标高的形式

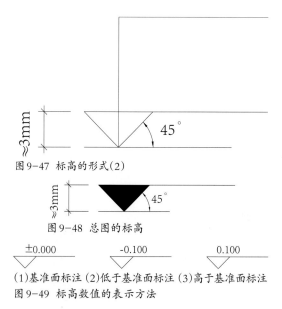

图9-47 标高的形式(2)

图9-48 总图的标高

±0.000   -0.100   0.100

(1)基准面标注 (2)低于基准面标注 (3)高于基准面标注
图9-49 标高数值的表示方法

6.图纸上符号

图纸中有许多符号,各种不同的符号具有不同的含义。

（1）定位轴线

在建筑设计中,用以确定建筑的主要结构或构件位置的基线叫作定位轴线,用以确定次要构件位置的基线叫作附加定位轴线。每根轴线都有编号,叫作轴号。轴号通常为直径8mm的细实线圆,轴线应对应轴号的圆心。(图9-50)

水平方向的轴号用阿拉伯数字从左向右依次注写,垂直方向的轴号用汉语拼音字母从下往上注写。使用汉语拼音字母注写轴号时,不得使用I、O、Z三个字母,以免与阿拉伯数字中的1、0、2混淆。

（2）引出线

当需要对图样中的某局部加以文字说明时,必须用引出线引出。引出线为细实线,可以是水平线、垂直线和斜线,或者先是垂直线、斜线,再转折为水平线,斜线的角度为30°、45°和60°。通常采用最多的形式是水平线和垂直线、斜线再经转折的水平线,说明文字置于引出线的上方或端头。在使用水平和垂直转折为水平的引出线时,引出线指向图样的一端常采用箭头或实心圆点。(图9-51)

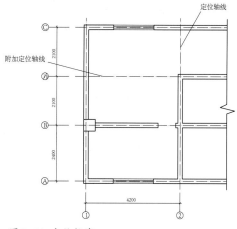

图9-50 定位轴线

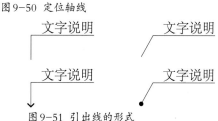

图9-51 引出线的形式

同时说明相同内容的多个不同部位时,引出线应相互平行。也可用一条引出线和多个箭头或圆点表示。(图9-52)

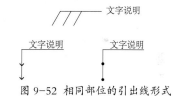

图9-52 相同部位的引出线形式

多层构造共用一条引出线时,引出线应通过被引出的各个部位,引出的部位与文字说明应该从上至下或从左至右相对应。(图9-53、图9-54)

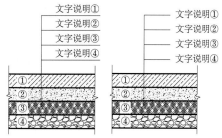

图9-53 垂直方向引出线的顺序

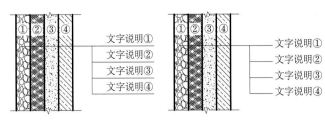

图9-54 水平方向引出线的顺序

（3）剖切符号

如果图样有剖面图或断面图来说明某个结构关系时，可采用剖面剖切符号或断面剖切符号。

剖面的剖切符号由剖切位置线、投射方向线和剖面编号组成。剖切位置线、投射方向线均为粗实线，剖切位置线略长于投射方向线，通常为6～10mm。投射方向线垂直于剖切位置线，长度通常为4～6mm。剖切位置线和投射方向线所形成的内角为剖视方向，剖面编号应注写在投射方向线的端头。（图9-55）

剖面的剖切符号应置于被剖切图样的两侧，剖视方向一般为向左和向上。剖切位置线应与剖切部位对应，剖切线尽量不穿越图线。剖切线如要转折时，应在转角处的外侧加注相同的编号，并且转折以一次为限。（图9-56）

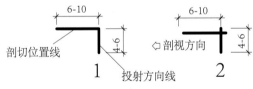

图9-55 剖面的剖切符号（单位:mm）

断面的剖切符号由剖切位置线和断面编号组成。剖切位置线为粗线，通常为6～10mm。断面编号位于剖切位置线的一侧，并表示剖视方向。（图9-57）

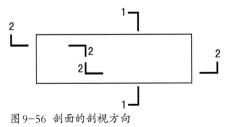

图9-56 剖面的剖视方向

图9-57 断面的符号及剖视方向

剖面所表现的是剖切面以及剖切面后面沿投射方向所能看到的所有部分，断面则只表现被剖切对象的截面轮廓。剖面图的图名通常写"X～X剖面图"，而断面图的图名只写"X～X"，不写"断面图"三个字。（图9-58、图9-59）

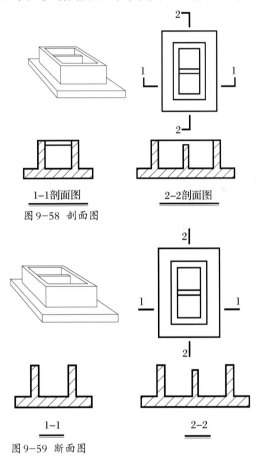

图9-58 剖面图

图9-59 断面图

（4）索引符号和详图符号

如果图样中的某局部或构件需有另外的详图加以说明时，须用索引符号索引。索引符号由直径为10mm的细实线圆、通过圆心的水平线及圆内的编号组成。详图索引符号的上半圆中是详图的编号；被索引的图样和详图在同一张图纸上时，下半圆中用横线表示；被索引的图样和详图不在同一张图纸上时,下半圆中注写详图所在的图纸编号。如果索引出的详图是采用的标准图,则应在索引符号水平直径的延长线上注写该标准图册的编号。(图9-60)

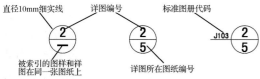

图 9-60 详图索引符号(单位:mm)

如果索引符号用于索引剖面详图,则应在被剖切的部位绘制剖切位置线,并用引出线引出索引符号,引出线所在的一侧为投射方向。(图9-61)

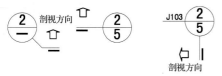

图 9-61 剖面详图索引符号

详图符号是说明详图的位置和编号。详图符号是以粗实线绘制的直径为14mm的圆,当详图与被索引的图样在同一张图纸上时,直接在详图符号内注写详图编号即可。当详图与被索引的图样不在同一张图纸上时,应在详图符号的圆内画一条通过圆心的水平细实线,上半圆内注写详图的编号,下半圆内注写详图所在的图纸编号。(图9-62)

(1)与被索引的图样在同一张图纸上

(2)与被索引的图样不在同一张图纸上

图 9-62 详图符号

(5)立面索引符号

在室内设计中,有大量的立面图需要设计,立面索引符号就是在平面图中对立面图的编排、索引。立面索引符号是由直径为8~12mm的细实线圆、通过圆心的水平细实线、被圆切去部分的实心等腰三角形以及立面编号组成。立面索引符号的三角形顶端指向被索引的立面,通常上半圆中用大写的拉丁字母注写立面的方向编号,下半圆中用阿拉伯数字注写被索引立面所在图纸的编号,立面与被索引图样在同一张图纸上时,下半圆中用横线表示。(图9-63)

在平面图中进行立面的索引,通常将空间立面以顺时针方向定为 A、B、C、D 四个投影面。在同时索引空间内多个方向的立面时,由于索引符号可能因集中而显得过大,会影响到图样,所以可用引出线引出。引出线指向图样的一端,加注实心圆形的索引点,索引点的位置为视点的位置(图9-64)。当索引的方向相

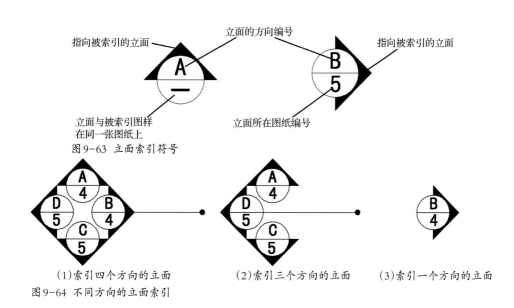

(1)索引四个方向的立面　　　(2)索引三个方向的立面　　(3)索引一个方向的立面

图 9-64 不同方向的立面索引

同而视点不同时,应用A1、B1、C1、D1以此类推来进行表示。当空间立面超出四个方向的时,应用A、B、C、D以外的字母表示,也可用立面图名称注写。当空间较为复杂,同一空间中有较多立面时,也可用阿拉伯数字将立面编号,注写在立面索引符号的上半圆中。(图9-65)

（6）折断线与连接符号

较长的图样且形状一致或按一定的规律变化,可用折断线断开,进行省略绘制,折断线通常为细实线。折断线两端应超出被折断图样,被折断图样必须与折断线相交,且不得超出折断线。(图9-66)

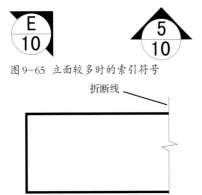

图9-65 立面较多时的索引符号

图9-66 折断符号

连接符号是用折断线表示连接的部位,在使用连接符号时,折断线两端靠近图样的一侧要标注大写的拉丁字母,且两个被连接的图样必须使用相同字母,作为连接的编号。(图9-67)

（7）对称符号

对称符号是由对称中轴线和中轴线两端的两对平行线组成。对称中轴线为细点画线,穿越对称图样的全部。两对平行线为细实线,其长度通常为6～10mm,平行线之间的距离通常为2～3mm。对称中轴线垂直平分两对平行线,两端超出平行线通常为2～3mm。(图9-68)

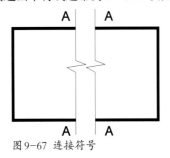

图9-67 连接符号

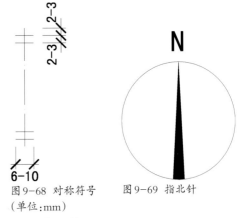

图9-68 对称符号
（单位:mm）

图9-69 指北针

（8）指北针

在总平面图以及首层建筑平面图上,有指北针表示建筑物的朝向。指北针图标中圆的直径通常为24mm的细实线,实心箭头的尾部宽为圆直径的1/8。在国内的建筑设计图纸中,箭头顶部通常注写"北"或"N",国际规定形式为箭头顶部注写"N"。(图9-69)

第二节 室内设计制图

室内设计的制图主要沿用建筑制图的规范,但个别时候与建筑制图也不尽相同,不过它们都是运用正投影的原理来进行制图的。

一、投影的基础知识

1.投影的概念

空间物体在光线的照射下,在投影面(墙面或地面)留下影子,这个影子能够反映这个物体的大致轮廓。

2.投影分类

（1）中心投影

所有投射线从同一投影中心出发的投影方法,称为中心投影法。按中心投影法做出的投影称为中心投影。

设S为投影中心,△ABC在投影面H上的中心投影为△abc。用中心投影法得到的物体的投影大小与物体的位置有关。在投影中心与投影面不变的情况下,当△ABC靠近或远离投影面时,它的投影△abc就会变大或变小,且一般不能反映△ABC的实际大小。这种投影法主要用于绘制建筑物的透视图。因此,在一般的工程图样中,不采用中心投影法。(图9-70)

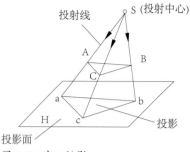
图9-70 中心投影

（2）平行投影

如果将中心投影法的投影中心移至无穷远，则所有投射线可视为相互平行，这种投影法称为平行投影法。投射线的方向称投影方向。

设S为投影方向，△ABC在投影面H上的平行投影为△abc。在平行投影法中，当平行移动物体时，它投影的形状和大小都不会改变。平行投影法主要用于绘制工程图样。（图9-71）

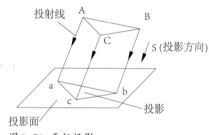
图9-71 平行投影

平行投影根据投射线与投射面是否垂直关系，又可分为平行斜投影和平行正投影。（图9-72）

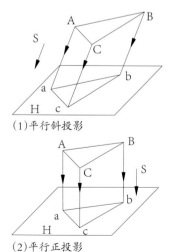
（1）平行斜投影

（2）平行正投影

图9-72 平行斜投影与平行正投影

正投影法能在投影面上较"真实"地表达空间物体的大小和形状，且作图简便，度量性好，在工程中得到广泛的采用。

（3）直线和平面的显实性

直线平行于投影面，则直线在投影面上的投影反映实长。（图9-73）

直线AB平行于投影面V，则投影a′b′反映直线AB的实长。平面平行于投影面，则平面在投影面上的投影反映实形。平面P平行于投影面V，则投影p′反映平面P的实形。

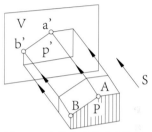
图9-73 直线平面的显实性

（4）直线和平面的积聚性

直线垂直于投影面，则直线在投影面上的投影积聚为一点。（图9-74）

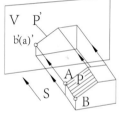
图9-74 直线与平面的积聚性

直线AB垂直于投影面V，则投影积聚为一点b′(a′)。平面垂直于投影面，则平面在投影面上的投影积聚为一直线。平面P垂直于投影面V，则投影积聚为一直线段p′。

二、视图的基本原理

投影是人眼观物得到的图形，眼光被称作视线，因此，投影图也叫作视图。三视图是将不同物体向同一投影面投射，得到同样的视图。

1.建立三投影体系

用三个互相垂直的平面组成三个投影面，即正面（V表示）、水平面（H表示）、侧面（W表示）。三面的交线称为投影轴，OX轴是V和H面交线，OY轴是H和W面交线，OZ轴是V和W面交线，三轴交于O点。（图9-75）

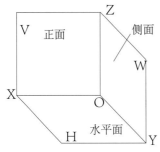

图9-75 三投影体系

2. 三视图的形成

主视图:正立面(V)投影;俯视图:水平面(H)投影;左视图:侧立面(W)投影。将空间物体放在三维体系当中,向三面投影,得到三视图。

空间一点A在三面投影体系中分别向三个投影面V、W、H做投射线,投射线在V面、W面、H面的垂足a′、a″、a称为点A的三面投影(图9-76)。图中每两条投射线分别确定一个平面,它们与三根投影轴分别交于a_x,a_y和a_z。

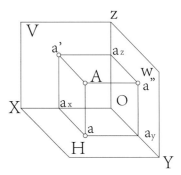

图9-76 三视图的投影

三视图展开在同一平面上,H面下转90度,W面右转90度。(图9-77、图9-78)

3. 三视图之间的对应关系

(1)位置关系

以主视图为准,俯视图在它的正下方,左视图在它的正右侧,位置固定,不必标注。

(2)三等关系

主、俯视图长对正;

主、左视图高平齐;

俯、左视图宽相等。

(3)物体方位对应关系

物体左右主、俯见。物体上下主、左见。俯视、左视显前后,远离主视是前面。

4. 三视图绘制的基本方法

定位、布置图,打底稿,先从主视开始绘制。(图9-79)

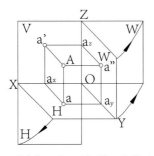

(1)点A的三面投影及其展开
图9-77 三视图的展开

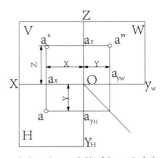

(2)H面、W面转到与V面重合

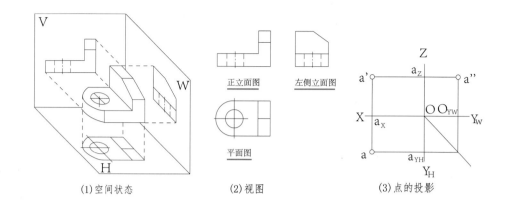

(1) 空间状态　　　　　(2) 视图　　　　　(3) 点的投影

图9-78　三视图绘制示意图

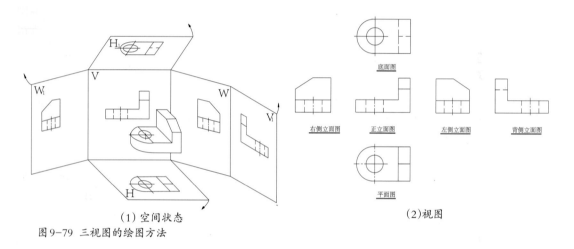

（1）空间状态　　　　　　　　（2）视图

图9-79　三视图的绘图方法

第十章 室内设计的文化内涵

在物质文明与精神文明高度发达的今天，人们不再仅仅满足于基本的物质生活需求，而是追求更有品位的生活方式。室内设计作为一种引领生活观念的社会时尚活动，融入了人的心理因素、意识形态、审美体验等各种文化因素。现代室内设计也在社会形态的不断变化中，呈现出多元化发展的格局，室内设计活动在为人们创造新的物质生活方式的同时，也创造着新的设计文化，它已成为大众文化的一部分。新时代的室内设计文化提高了人们的生活品位，并且不断地更新人们的生活方式。现代室内设计文化成为艺术、科学技术和经济自由融合的载体，成为一种特殊的意识形态，也成为这个时代的一个标志。

一、室内设计与传统文化的关系

1. 室内设计与文化的相互作用

文化是指一定条件下社会的意识形态，是在不同时期、不同地点人类思想的产物，是精

图10-1 故宫华美的室内环境

神文明的体现。它会随着社会经济、政治、时间、地域、民族的差异，展现出其多元化的趋势。室内设计是为人类打造优良的生活活动环境而进行的一项创造性活动，与文化相比较，室内设计的概念虽然是在现代主义建筑运动后才被提出的，但室内设计的行为却从人类为自己建造居住的房屋开始就一直存在至今了。文化和室内设计之间是一种互动关系，室内设计是在一定的文化指引下展开和完成的，而不同的文化又是在室内设计的过程中体现出来，并被继承和发扬的，最终逐渐形成我们现今生活中的一种新的社会意识形态，即室内设计文化。室内设计文化不仅仅作用于室内设计领域，还潜移默化地影响着其他层面的文化形式以及每一位身处其中的人。它不是简单的设计加文化，而是设计和文化的综合体。

不同时期的室内空间设计都反映了不同时期的生产力和文化。设计形式根植于传统文化，无论何种风格的室内设计，都具有当时特定的文化心理和精神结构，在一定的文化语境下，反映了不一样的审美标准和观念，也反映了当时的文化风貌。

2. 室内设计受传统文化的影响

室内设计既是一个新兴行业，同时也是一个古老传统的行业。中国古代不胜枚举的经典建筑以及其华美的室内修饰，充分体现出华夏文明与古典建筑艺术的完美结合，令世人叹服。从北京的故宫到西藏的布达拉宫，其雄壮、辉煌的建筑艺术和精美的室内装饰艺术，无不深深地蕴含着中国传统的文化（图10-1、图10-2）。室内设计与传统文化是密不可分的，设计师要创造出具有民族特色和地域文化

的现代室内设计，就要结合历史和时代背景对传统文化进行深入的研究。成功的室内设计不仅要满足其功能的需要，做到设计新颖独特，更重要的是合理完美地体现地域性和文化性。全世界的室内设计之所以变幻多样，正是由于不同的自然条件、历史时期、民族背景、地域特征等所产生的文化不同，因此造就了室内设计的多样性。

当今室内设计界普遍流行着一句话："轻装饰，重文化"。可见文化因素在室内设计中的地位不断地被提高。曾经有某些具有"前卫意识"的现代设计师认为，自己的作品是"无传统"的、超现代的，声称要抛弃任何传统，实则却难以做到。因为他们必须以"传统"作为反面的参照物，才能展现自己的创意和思维。近年来，在我国室内设计中，不论是办公空间、居住空间、商业空间还是其他公共空间，各种文化元素都得到充分的体现。文化因素植根于人们的意识中，设计从语言、表现手法、媒介等显性传统过渡到对设计认识的思维方式、文化心态、审美观点等隐性传统。不同风格的现代室内设计是以科学技术为依托、以文化艺术为内涵，经历史沉淀而成的，它的发展往往反映了人们的文化意识和一个民族的传统。

二、中国传统文化精髓及其在室内设计中的应用

中国传统文化的思想发轫于先秦的道家、儒家以及佛教禅宗理念，它们是传统思维方法论的基本核心。中国传统文化在其几千年的传承发展过程中，儒、佛、道三家在相互斗争、相互融合中推动着中国文化的繁荣和发展。中国传统建筑及室内装饰中所包含的概念和思维方法，与中国民族文化中所蕴含的强调事物各方面整体、和谐统一和相互联系的传统思维方式相吻合。历史上或当代的中国设计作品，无一不受其影响，如中国古代的自然观，强调"天人合一""浑然天成"和"因势就形"等。我们的设计师在进行设计时，如果能够把民族传统文化中的自然观、哲学观、思维方式糅合

图 10-2 布达拉宫满含藏文化的室内空间

到设计、创作的思维中，往往会有意想不到的收获。

1. 儒家文化的核心思想——中庸之道、天人合一

"中庸之道"是孔孟之道的核心思想。首先，儒家重视"天人之和"的哲学理念所提倡的人与自然和谐一致的思维模式和价值取向，并构成了中国传统设计最基本的哲学内涵，也是中国设计师所恪守的设计哲学。比如，苏州园林，运用人力巧夺天工，再造自然之美，却又不露人工斧凿痕迹，达到"虽由人作，宛如自然""天人合一"的审美境界。这些都充分体现出儒家文化对于设计的重要影响。

随着经济的高速发展，我国人们的消费水平逐步提高，室内设计越来越受到人们的重视，儒家文化的作用也越来越明显。在室内设计中如何更好地运用和体现儒家文化，打造出具有浓厚儒家气息的室内装饰显得尤为重要。在空间与造型、界面装饰、空间材质、家具与陈设上都能体现出儒家文化的核心思想，通过将儒家文化与现代艺术相结合，将"中庸""天人合一"的理念相互贯通并不断创新。

（1）空间与造型

儒家思想的"中庸"讲求含蓄、内敛，就是用恰如其分的方法来处理事物，追求一种平衡，最终使事物达到和谐统一。所以，设计师在室内环境设计时，常使用一些规则的形状和序列，或者将其进行排列组合，来寻求整体统

室内设计

图10-3 空间中的天棚使用规则的形状重复排列

图10-4 由中式屏风演变而来的隔断

一中的变化（图10-3）。此外，空间的分隔也是室内设计中重要的一个环节，它是连接室内各空间的纽带。设计师在室内空间的分隔上要体现出一定的虚实变化关系。比如，屏风作为中国传统的装饰构件，它的作用就是使相连的空间通过屏风的阻隔，既形成了一定的私密性，但又没有完全把空间分隔开，在两个空间中形成美丽的景致，既有"隔而不断"的效果，又带有强烈的装饰韵味，从根本上体现了"中庸"思想和传统的民族文化（图10-4）。同样具有分隔空间的作用以及体现虚实关系的设计手法还体现在博古架、帷幕等的运用上，它们为不同的空间赋予了不同的精神意味。

室内设计除了要合理地处理室内各空间的关系外，还应有效地处理室内空间与外界的过渡关系，使室内外情景交融，相互作用。比窗户面对青山或以蓝天与田野为门廊设计的背景，这是中国古典园林常用的造园手法中的"借景"。把自然景物作为空间的一个组成部分，使人们的视野能够由室内拓展到室外，这样就大大地增加了空间的延伸性和层次感，并且富有情趣，达到了更好的视觉效果。

（2）界面装饰

儒家文化强调传统的象征意义，所以在室内空间的界面装饰上多运用一些具有传统的象征意义的事物，以此表达深藏在人们内心深处的情感因素。尤其是会所、酒店、别墅、博物馆等空间，面对的大都是精神层面要求相对较高的人群，他们更注重于具体事物所表达出来的抽象情感。比如，祥云寓意着吉祥福运；万字符（卐）代表着万事如意；竹子寓意富贵；葫芦寓意着多子多福；鱼纹寓意着年年有余等。这些都是对传统文化的一种提炼，将这些元素运用到室内空间的界面装饰上，可赋予空间更深层次的文化内涵和象征意义，这些寓意的手法不仅具有儒家文化特色，也包含着我们民族深厚的文化与智慧。（图10-5）

（3）空间材质

儒家文化的核心思想包含着"天人合一"的哲学理念，"天人合一"是提倡人与自然的融合，充分体现人与自然的和谐关系。空间材质是室内设计中的重要组成部分，运用时应结合儒家文化"天人合一"的思想。比如，室内设计中，在选材上常用原生态的、朴实淡雅的材料，给人们在纷繁的都市生活的忙碌之余带来大自然的气息。现代科技的发展迅猛，新型材料更是层出不穷。比如，仿天然木材纹理的强化地板、竹制地板等，强调材料本身的质地和表面自然的纹理；再如，粗糙的岩石或是仿石材料的墙面，让人感觉到返璞归真的天然气息，以期待人与自然的和谐共生，来营造具有儒家文化特色的室内空间。（图10-6）

（4）家具与陈设

家具除了其本身的使用功能，在环境中还起着调节室内空间的内部关系和规限人们的行动路线等作用。此外，家具的造型、色彩和舒适度都影响着人们对于空间的心理感受，它可以改变整个空间的趣味、风格（图10-7）。比如，在居住空间的室内家具上可多选用一些原

图 10-5 寓意着吉祥福运的祥云雕花滑门　　图 10-6 大量运用朴实淡雅的原生态装饰材料的室内设计

木家具和古典的装饰构件,使室内空间显得古朴、高雅;也可以在各个房间或者走廊中,适当布置一些鹅卵石,寓意着儒家文化中的坚毅,从而提升整个空间的文化氛围和内涵。

对联、书画、匾额以及一些小的文化构件的陈设,既能在室内的装饰上添彩,又能营造出具有诗意的文化意境,还能体现出中国传统的生活方式、积极向上的人生态度以及更深层次的民族文化。这些装饰构件上的文字内涵多具有励志、自勉的作用,也与儒家思想的核心道德观所强调的个人品德修养相辅相成。(图 10-8)

图 10-7 红木家具营造出典型的中式风格的室内环境

2. 道家文化的核心思想——道法自然

以老庄思想为核心的道家哲学,在中国文化史和哲学史上占有重要地位。道法自然是道家思想的精髓,并且已经渗透到文学、艺术等各个领域。老子认为,美在道,而道之本性在自然,即自然而然。所谓"道法自然",即人受制于地,地受制于天,天受制于规则,规则受制于自然。道法自然的意思就是大道以自然为纲,遵循其规律。在室内环境中,不论是在空间处理上还是在用材上,作为中国特有的文化,"自然"的设计理念深深地影响着历代的设计师们。虽然儒、道以及佛家的文化传统特点

图 10-8 运用字画装点的中式风格室内空间

不同,但在回归自然、效法自然的观点上却几乎相同。

"道法自然"应用在室内设计上,体现在空间中创造出许多虚实的围合,如彼此交错、穿

图10-9 设计语言较为简练的中式风格室内环境

插、共享，不仅增加空间开阔感，还强化空间流动感。道家思想的淡泊宁静应用在室内设计中则形成空间的高雅大气、诗情画意。这种意境空间的营造过程关键在于将人们引入虚静的情境之中，引入祥和的心境。道家思想以其独有的魅力，深深地影响了室内设计领域，不论是对于材质和空间运用的理解，还是对人与环境和谐共处的认识，它都对我们具有很好的启示作用。

（1）道法自然——自然与空间相和谐

人们常说"儒家重礼乐，道家贵自然"。"道"就是对自然欲求的顺应，任何事物都有一种天然的自然欲求。顺应了这种自然欲求，就会与外界和谐相处，违背了这种自然欲求，就会同外界产生抵触。在《道德经》有："人法地，地法天，天法道，道法自然"，即"自然"具有"道"本体的品格，"道"的本性是"自然"。老子认为的"自然"与"道"是相通的，崇尚"自然"、顺应"自然"是老子美学意蕴的主要源泉。道家在哲学上以"自然"为遵从的对象，在审美观上则表现为对自然美的追求，继而在美的自然观基础上，又延伸出"素""朴""淡""拙"等一些对审美的见解，这些对室内设计都产生了重要的影响。

现代的室内环境不仅仅是人们生活和工作的固定场所，更是人们精神的家园和栖息地。随着社会的发展，在室内设计风格百变的今天，新的艺术观层出不穷。人们对复古和怀旧情调的追崇，让历史的、传统文化的元素在现代空间中反复被应用。表现在实际的设计过程中，设计师摒弃了以往盲目仿古的做法，而更多的是追求用简练的线条和现代视觉符号来表达传统文化，表现得简约自然、朴实无华却更富有内涵意蕴。这样的空间造型更生动、更有韵味，也更容易为现代人所接受和喜爱。（图10-9）

（2）道法自然——家具设计选材自然

在家具的设计上，道家思想强调的"道法自然"也表现突出。道家主张"无为"、顺其自然，力求天人合一，既不主张以天制人，也不主张"以人灭天"。近年来，明式家具受到现代人的喜爱，正是因为它所表现出来的天然之美，不矫揉造作，恰与现代空间设计所崇尚的时尚、简洁的观念相辅相成（图10-10）。在材料的选择上，均以自然的木材为主，重视木材的天然纹理和色泽，不加涂饰，它的温润反衬了石材，金属、陶瓷等硬度刚性材料的冷淡、生硬，完全符合"道法自然"的意境和哲学理念。

三、室内设计中表达传统文化内涵的手法

1. 传统文化符号在室内设计中的运用

经过漫长的历史沉淀，中华民族的传统文化艺术逐步形成了各具特色的图案和纹饰，植物、动物、人物、几何符号、图腾、宗教纹饰等形式均特征鲜明。这些图案和纹样具有传统象征性和比喻意义，它们是人们在生产和劳动创造过程中的经验累积与智慧结晶，在经历了岁月的洗练后，渗透出浓厚的历史韵味，是图

图10-10 简洁的明式家具

像形式与文化内涵完美结合的符号。同时，这些传统符号，还是人们对精神生活的追求与体现。今天，这些符号仍有重要的实用意义和强大的生命力，运用这些传统符号作为装饰元素，是营造室内环境文化氛围的有效手法。

现代室内设计不仅要学会运用传统艺术文化元素，还应强调对其文化的精华吸收与提炼，再结合现代社会不断更新的材料、工艺与施工技术，在室内环境装饰艺术中得到延伸与拓展。设计师将某种特定的文化进行提炼与浓缩后，形成简约、深刻且具代表性的文化元素符号，并将室内设计中浓郁的文化元素与鲜明的时代气息相结合。

传统文化符号运用于现代室内设计主要的方法有以下三种：第一，抽象概括。将传统的儒、道、禅的文化符号，进行抽象简化与加工提炼，结合现代的技术和工艺手法来延续与发展。这种手法使传统形式的整体和局部都相得益彰，在改变传统形式的同时又不失传统之韵味（图10-11）；第二，符号拼贴。就是将人们所熟悉的传统构件进行裂解或变形，构成具有比喻意义或象征意义的符号，运用这些符号在室内设计中进行拼贴，让传统与现代建立起某种联系（图10-12）；第三，移植与嫁接。即对儒、道、禅等传统文化进行移植嫁接，形成一种新的艺术符号在室内设计中运用（图10-13）。

图10-11 将抽象概括的"万字符"用于天棚造型

2. 家具陈设设计回归自然

中国传统文化由于历史、经济、地域、宗教、习俗、环境等因素的差异而形成千姿百态的陈设艺术。所以，从古至今，陈设艺术在我们的室内环境中是最富有文化内涵的组成部分，它的形式、质感、文化特征是人与室内环境之间传递情感的重要因素。它具有历史悠久、民族地域性强等特征，是我国室内设计元素取之不尽、用之不竭的文化根源。具有一定文化内涵的陈设品格调高雅、造型优美，让人赏心悦目、陶冶情操，这时的陈设品已超越其本身的美学界限而赋予室内空间以精神价值。继承传统文化的陈设艺术是人性化设计的基本归属，它力求表达特定的情感意境，以达到传情达意的最高境界。陈设艺术常常通过再现、

图10-12 空间中重新演绎的"祥云"雕花隔断与墙面现代浮雕装饰的拼贴

图10-13 通过对传统图形进行移植，形成了新的艺术符号

图10-14 具有自然美的陈设艺术　　　　图10-15 具有民族特色的建筑

抽象、提炼等表现手法在室内环境中传递一种内在的、深层次的、可延续的文化传统和一种回归自然的向往，这种淳朴亲切的自然情怀反映在室内陈设上，是要将自然要素合理地组织到室内空间中。

中国传统文化顺应自然、崇尚自然的态度，决定了人们对自然景物的喜爱。对室内自然景观的陈设手法有：在室内营建完整、协调的小景观，使人感到清新、舒畅、视野开阔，让人与室内自然环境和谐相融；利用花窗、门等装饰构件形成开敞的和半开敞的空间，将室外景观"借"入室内，使内外虚实结合；在室内设置绿色植物和盆景，为室内增添更多的自然景观元素；还可以在室内陈设一些具有原始情调的饰物，增加自然的意境，如干枯的芦苇，手工蜡染的花布等。这些独具匠心的设计，会有一种意想不到的自然美效果。(图10-14)

3. 室内文化元素与建筑母体的和谐统一

在进行室内设计之前，设计师必须认真分析以下四个方面的因素：第一，建筑师对建筑母体的设计理念；第二，建筑师所采用的建筑语言的文化内涵；第三，建筑室内各空间不同的功能配置；第四，定位建筑与室内文化元素的空间语言，如庄重、清新、欢快、温馨、活泼等。比如，一个私家别墅的室内设计应该适合温馨、大气、尊贵等文化元素语言，因此在该别墅的室内文化元素设计中，其造型结构、色彩搭配、照明配置、材质肌理、艺术品陈设等都应按上述的文化方向去设计和营造。如果室内环境与建筑文化元素定位不相符，不符合建筑功能特定的文化语言要求，则会导致建筑与室内环境的不和谐。所以，优秀的室内设计中的文化元素应与外部建筑母体的文化语言保持高度的统一。(图10-15、图10-16)

图10-16 建筑内外的和谐统一

四、室内设计文化的发展趋势

21世纪以来，人类社会发展日新月异，这也引发了艺术设计领域翻天覆地的变化，各类设计风格、设计思潮、设计流派层出不穷。当现代的物质生活不断提高，人的基本生活需求得到了满足，人们对精神生活的追求就会越来越高，对传统文化也就愈加重视，不管是传统工艺，还是民间艺术等，都深受人们喜爱。这是因为无论是在艺术观念还是在表现形式上，中国古代传统艺术与现代艺术之间都存在着很多的共性。作为一名中国的设计师应立足于现实，深刻审视华夏民族的历史和文化内涵，责无旁贷地传承与发扬传统文化，并将传统与现代美学及设计理念融入设计中去，将两者紧密联系起来，构成现代与传统完美结合的室内设计风格。

中国的传统文化是中国设计文化发展的源泉，是设计师的立足点，是设计作品树立个性的基础。传统是设计动态文化中的恒定因素，它是过去已存在历史的文化积淀，但它也代表着未来充满无限可能的世界。传统文化是全世界人类共同的精神财富，东西方人类都生活在这个共同的文化平台上，我们只有将现代设计与传统文化融合起来，才能打造全球文化下"和而不同"的中国设计。随着经济全球化时代的来临，当今的世界正在形成一个互相交流、相互包容的设计文化大环境，地域之间的文化沟通不再有障碍，不同地域的文化融合在设计过程中得到充分体现。因此，中国设计想要实现国际化发展，我们首先要将自己放在这个国际文化交流的大舞台上，这不仅是迎合我们经济的发展、国际化竞争的需求，也是建设民族新文化的时代的职责所在。

作为新世纪的设计师，应重视中西文化元素交融，造就"和而不同"的中国设计。东西方文化是人类文明的两种类型，它们既有联系又有区别。西方文化擅用独立的、机械的思维方式，它重视分析、演绎和理性的逻辑与判断，所形成的设计文化具有独特的标准性、科学性。而以中国为代表的东方文化是在儒家思想和道家思想的基础上发展而来的，它擅用整体的、辩证的思维方式，重视归纳、综合和感性的直觉与顿悟，强调事物之间的普遍联系，有机结合，和谐统一。这种东西方文化的差异造就了不同地域的设计文化。

从古至今，任何一个民族的设计文化都不是绝对孤立的，都可以在交融中发展。人类文明的进步，依赖于人类地域文化的相互交流，我国自佛教的传入到后来唐代丝绸之路的兴盛，大量外来文化元素在中国绘画、建筑、雕塑等领域的广泛交融和应用，造就了中国历史上辉煌的敦煌莫高窟、云冈石窟等。近代历史上有北京的十大建筑、南京的中山陵及上海外滩的城市建筑等；再到现代，我国新建的上海四季酒店与金茂大厦、苏州的苏州博物馆等，这些无一不是中西文化相互渗透交融的成功结晶。当然，室内设计应用中西文化元素，绝不是简单的抄袭和克隆，而是要努力寻找中西方文化融合的最佳点。全球化的发展趋势并不意味中国设计文化的创建是对民族传统纯粹的继承和发扬，而是要以全球化的眼光看待中国传统文化，并将其精华融入现代设计之中。这就要求设计师立足于本土文化，保持明确的民族文化意识，将本土文化的美学价值、文化精神与现代设计理念和科学技术发展相结合，并不断创新，创造出具有民族个性特征的设计作品。中国传统儒家思想的精髓就是"和"，"和"作为从古至今的审美标准体现了包容性和多样统一性。"和而不同"也反映了在全球化时代中，中国设计在冲突与融合的边界上建立起来的与世界交流对话的纽带与桥梁。中国设计文化要在"和而不同"的理念下构建，才能与国际设计求同存异，多元互补，共同繁荣发展。

后 记

历时一年,室内设计一书终于完稿。在写作过程中,本书得到了许多同行、朋友的指导与帮助,在此,向帮助我们的所有人道声感谢。

感谢在写作过程中提供了许多宝贵资料与中肯意见的重庆工商大学艺术学院的同人,让我们在写作中能够理清思路,使本书得以顺利完成。

感谢从事该行业的朋友提出的宝贵的修改意见,让我们在写作的同时受益匪浅,谢谢你们。

感谢在写作中给予大力协助的学生们。

虽然书中存在许多瑕疵与遗憾,但终究把多年来室内设计教学中的点点滴滴集中起来,将室内设计常规的学习方式进行了条理化介绍,把每个与室内设计相关联的环节都进行系统化梳理并得以呈现,谨此展现我们的一点拙见,望同行们批评指正,希望对今后室内设计教学也能带来一定的启发和引导。

本书引用的学生作业、网络文献,因记录不详而未能注名,万望见谅,且不胜感谢!本书所提出的一些基本观点和研究方法有很多尚不成熟之处,如果这些地方能引发大家一些兴趣,我们也倍感欣慰。如有不同的观点,那更是对我们的促进,会让我们在室内设计这个领域里更加努力地探索学习。